21世纪高职高专通用教材

电 工 技 术

（任务驱动模式）

主编 王卫兵

苏州大学出版社

图书在版编目(CIP)数据

电工技术：任务驱动模式/王卫兵主编. —苏州：苏州大学出版社，2009.8(2020.6重印)
21世纪高职高专通用教材
ISBN 978-7-81137-279-3

Ⅰ.电… Ⅱ.王… Ⅲ.电工技术－高等学校：技术学校－教材 Ⅳ.TM

中国版本图书馆CIP数据核字(2009)第130055号

内容提要

本书是依据教育部最新制定的《高职高专教育电工技术基础课程教学基本要求》，同时结合"工学结合，校企合作"培养模式编写而成的。全书分为九个单元，共十九个课题，各课题都设计了"项目任务书"，并由此来驱动整个课题内容的学习。主要内容包括电路的基本概念和欧姆定律、直流电路分析、电容与电感元件、单相交流电路、三相交流电路、磁与电磁、变压器、三相异步电动机原理与控制、安全用电。

本书可作为高等职业专科学校机电类专业或其他非电类专业的电工技术教材，也可作为职业院校、中等专业学校电工技术教材，还可以作为机电行业的工程技术人员的参考书或培训教材。

电工技术

王卫兵　主编

责任编辑　周建兰

苏州大学出版社出版发行
(地址：苏州市十梓街1号　邮编：215006)
江苏省新华书店经销
宜兴市盛世文化印刷有限公司印装
(地址：宜兴市万石镇南漕河滨路58号　邮编：214217)

开本 787×1092　1/16　印张 12.25　字数 308千
2009年8月第1版　2020年6月第6次印刷
ISBN 978-7-81137-279-3　定价：30.00元

苏州大学版图书若有印装错误，本社负责调换
苏州大学出版社营销部　电话：0512-67481020
苏州大学出版社网址 http://www.sudapress.com

《电工技术》编委会名单

主　编　王卫兵

副主编　蔡可健　王小强

编　委　王卫兵　蔡可健　王小强
　　　　　张　政　张　颖　李　萌

前　言

当前,我国的职业教育掀起了新一轮课程改革浪潮,新理论、新观点层出不穷,但与之相应的配套教材非常匮乏。为了更好地满足职业教育改革的需要,我们组织编写了以任务驱动课程模式为依据的新教材。本教材主要特点有:

(1) 新颖性:采用"任务驱动课程模式"的全新理念。教材打破了以往按章节编排的思路,用项目任务来构建完整的教学组织形式,避开了"烫剩饭"式的低层次徘徊,有效地去激发学生的学习兴趣。

(2) 科学性:体现了"分层学习"的原则。教材编写从企业工作实际要求出发,正文理论知识以实用、够用为主,注重学生技能培养,并辅以"小知识"、"生活索引"、"小试身手"等插入知识点,来加深对正文的理解。

(3) 实用性:突出了实践教学环节。教材以实为本,联系实际,体现实用,避开高深理论推导,注重电路外部特性和连线技能,充分突出高职教育的"实用性"特点。

本书由王卫兵任主编,蔡可健、王小强任副主编,张政、张颖、李萌等参加了编写。全书共19个课题,各课题均有学习指南、任务书和优化训练,有利于学生巩固概念,掌握方法。

编写本教材时,我们查阅和参考了众多文献资料,从中得到了许多启发,在此向参考文献的作者致以诚挚的谢意。统稿过程中,有关学院的领导和教研室同事给予了很多支持和帮助,在此一并表示衷心的感谢。

由于我们水平有限,同时,任务驱动课程模式属于起步阶段,书中难免存在不妥之处,敬请广大读者批评指正。

编　者
2009 年 5 月

目 录

第一单元 电路的基本概念和欧姆定律
　课题一　电路的组成及基本物理量分析 …………………………………………（1）
　课题二　欧姆定律的应用 …………………………………………………………（16）

第二单元 直流电路
　课题三　简单直流电路分析 ………………………………………………………（23）
　课题四　复杂直流电路分析 ………………………………………………………（40）

第三单元 电容与电感元件
　课题五　电容元件及其储能分析 …………………………………………………（60）
　课题六　电感元件及其储能分析 …………………………………………………（70）

第四单元 单相交流电路
　课题七　正弦交流电的基本物理量 ………………………………………………（78）
　课题八　正弦交流电的表示法及运算 ……………………………………………（83）
　课题九　单一参数正弦交流电路 …………………………………………………（89）
　课题十　电阻、电感和电容串、并联电路 ………………………………………（99）

第五单元 三相正弦交流电路
　课题十一　三相交流电源及负载星形联接分析 …………………………………（110）
　课题十二　三相对称负载三角形联接分析 ………………………………………（119）

第六单元 磁与电磁
　课题十三　磁现象和磁场 …………………………………………………………（125）
　课题十四　电磁感应定律和磁路欧姆定则 ………………………………………（134）

第七单元 变压器
　课题十五　变压器的基本结构和原理 ……………………………………………（142）
　课题十六　三相变压器和特殊变压器 ……………………………………………（151）

第八单元 三相异步电动机
　课题十七　三相异步电动机的结构和工作原理 …………………………………（157）
　课题十八　三相异步电动机的电力拖动 …………………………………………（165）

第九单元 安全用电
　课题十九　安全用电 ………………………………………………………………（176）

参考答案 ………………………………………………………………………………（184）
参考文献 ………………………………………………………………………………（187）

第一单元　电路的基本概念和欧姆定律

课题一　电路的组成及基本物理量分析

一、学习指南

本课题从安装和测量最基本的直流电路入手,引出电路的概念、模型、状态及电路的主要物理量,同时引进了电流、电压、电位及其参考方向.通过安装接线、测量和思考分析几种形式,加强读者的动手技能和分析能力.

本课题中的基本概念和基本物理量是电工技术和电子技术的基础,对今后深入学习专业知识有着重要的意义.

二、学习目标

- 掌握电路的组成,学会判断电路的通路、短路和断路三种状态,理解电气设备额定值的意义.
- 了解电路图的概念,掌握常用的电工图形符号.
- 理解电流、电压、电位、电动势等物理量的概念,并熟悉它们的单位和字母符号.
- 掌握电阻定律的含义及应用,了解其计算公式.
- 理解电功和电功率的概念,并掌握其计算公式.
- 初步掌握用万用表测量电流、电压、电位等物理量的技能.
- 初步掌握安装和分析电路的基本方法.
- 初步建立用生活中的经验和方法解决实际问题的意识.

三、学习重点

电流、电压、电位、电动势及其参考方向和万用表的使用.

四、学习难点

电压和电位的区别和联系.

五、学习时数

6学时.

六、任务书

项目	简单直流电路的安装和测量		时间	2学时
工具材料	1.5V电池两节,3V、0.15A小灯泡一只,开关一只,导线若干,去除绝缘层的漆包线一根,万用表一只			
操作要求	1. 按图1-1所示电路,画出电路图并装接该照明电路. 2. 在下列情况下,用万用表测量电路中的电流和电源端电压、负载电压: ①开关S打开; ②开关S闭合; ③将小灯泡短路(用去除绝缘层的漆包线连接A、B两点).		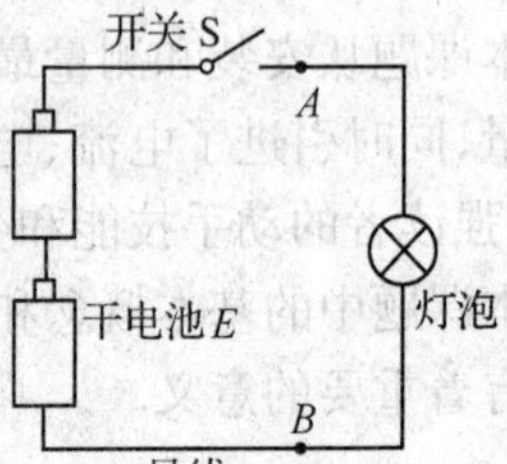 图1-1 项目1	
测量记录	电路状态	电流 I/A	端电压 U/V	负载电压 U_L/V
	开关S打开			
	开关S闭合			
	连接A、B			
计算与思考	1. 归纳电路在三种状态下的特点. 2. 连接A、B后,为何不允许测电流I. 3. 在通路条件下,根据灯泡的额定功率P,计算电路中的电流I,并与实测值进行比较. 4. 请查出你使用的仪表的准确度等级,并估算你测量某一物理量时的绝对误差和相对误差.			
体会				
注意事项	1. 本项目任务是学习本门课程的第一次实验,因此要认真对待,以掌握良好的学习和操作方法,特别要明白:"知识链接"中的知识学习是为了有效地完成项目任务,项目任务的完成是为了更好地掌握知识和提高技能. 2. 归纳电路的特点,从测量数据中弄清电流的大小及电动势、端电压和负载电压的大小及关系. 3. 要掌握短路的特点,不妨在连接A、B后用手触摸一下连接导线和电池. 4. 建议2~3人一组进行实验.			

七、知识链接

1. 电路

电路是电流的流通路径,它是由电源、导线、开关和负载按一定方式连接而成的闭合通路.复杂的电路呈网状,又称网络.电路和网络这两个术语是通用的.

2. 电路的组成及作用

电路主要由电源、负载、导线和开关四部分组成.电路的组成方式不同,功能也就不同.

（1）电源

电源是将其他形式的能量转换为电能,并为电路提供电能的设备.

常见电源及其能量转换：

① 干电池:化学能→电能.

② 发电机:机械能→电能.

③ 光电池:光能→电能.

④ 核反应堆:内能→电能.

温馨提示　　　　　　　　**废电池的危害**

电池中的有害成分主要有汞、镉、镍、铅等重金属,此外还有酸、碱等电解质溶液.废电池进入环境后是危害我们生存的一大杀手！一粒小小的纽扣电池可污染 $600m^3$ 水,相当于一个人一生的饮水量;一节一号电池烂在地里,能使 $1m^2$ 的土地失去利用价值,并造成永久性公害.

（2）负载

负载是将电能转换为其他形式能量的装置.

常见负载及其能量转换：

① 日光灯:电能→光能.

② 电风扇:电能→机械能.

③ 电饭锅:电能→热能.

④ 扬声器:电能→声能.

其实很多负载在消耗电能时,都同时存在几种能量的转换.

（3）导线

导线主要是用来传导电流的,当然,也有用来发热、光,产生磁或化学效应的.

从导线材料的物理状态来分,导线可分为：

① 固体导电材料:它是最常用的导电材料,如铜、铝等.

② 液体导电材料:它主要指含有熔融的金属和酸、碱、盐的溶液.

③ 气体导电材料:气体中存在离子或自由电子时,也可作为导电材料.

从材料的性能和用途来分,常用的固体导电材料又可分为高导电材料和特殊用途的导电材料两大类.高导电材料主要是指以纯金属为主的一些材料,如铜、铝及其合金等.特殊用途的导电材料则包括高电阻材料、电热材料、电碳制品等.

小试身手　　　　　　　水果电池

找一锌片、一铜片和含酸比较多的水果,如柠檬或西红柿(越酸越好,汁越多越好)等,将两个金属片平行插入水果中,用导线引出.用电流计或1.5V小灯泡检验,会有什么现象发生?

（4）开关

根据其结构特点、极数、位数、用途等,常见开关可以分为以下几种:

① 按结构特点分类,可分为按钮开关、拨动开关、薄膜开关、水银开关、杠杆式开关、微动开关、行程开关等.

② 按极数、位数分类,可分为单极单位开关、双极双位开关、单极多位开关、多极单位开关和多极多位开关等.

③ 按用途分类,可分为电源开关、录放开关、波段开关、预选开关、限位开关、脚踏开关、转换开关、控制开关等.

另外,还有一些特殊开关,如遥控开关、声光控开关、遥感开关等.

3. 电路图

图1-1是一个简单的实际电路,它由干电池、开关、小灯泡和连接导线等组成.当开关闭合时,电路中有电流通过,小灯泡发光,干电池向电路提供电能.电路图就是用统一规定的图形符号画出的电路模型图,如图1-2所示.几种常见的标准图形符号如表1-1所示.

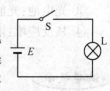

图1-2　电路图

表1-1　常见的图形符号

图形符号	名称	图形符号	名称	图形符号	名称
—/S—	开关	—▭—	电阻	⊥	接机壳
—||—	电池	—▨—	电位器	⏚	接地
Ⓖ	发电机	—|(—	电容器	○	端子
⌇	线圈	Ⓐ	电流表	+	连接导线
📢	话筒	Ⓥ	电压表	╪	不连接导线
🔊	扬声器	—▷|—	二极管	—▭—	熔断器
+Ⓤs−	电压源	Ⓘs←	电流源	—⊗—	灯泡
—	直流	∼	交流	≈	交直流

4. 电路的状态

电路有三种工作状态,分别为有载工作状态、开路工作状态(空载)和短路工作状态.

(1) 有载工作状态

在图 1-2 中,当开关 S 闭合时,接通电源和负载(灯泡),电路各部分连接成闭合回路,电源向负载提供电能,负载消耗电能,这种状态就是电路的有载工作状态. 负载电阻越小,电流越大. 电流越大,电源两端电压越小.

(2) 开路工作状态(空载)

开关 S 断开,电源没有向负载供电,此时称电路处于开路(空载)状态. 此时,外电路对电源来说,其负载电阻为∞,因此电路中的电流为零,电源两端电压(称开路电压)等于电源电动势 E,电源不输出功率.

(3) 短路工作状态

当电源的两端或负载两端直接被一条导线连接或由于某种原因被连在一起时,则电路处于短路状态. 此时,外电路对电源来说,电阻为零,在电流回路中仅有阻值很小的电源内阻 R_0,所以在电源电动势作用下产生很大的电流,称短路电流.

有时根据工作需要将电路的某一部分或某一元件的两端用导线连接起来,比如,为了测量电路电流而串入电流表,当不需要测量电流时,为了保护电流表,可用闭合开关的方法,将电流表"短路",如图 1-3 所示.

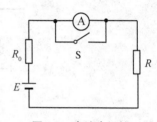

图 1-3 电流表短接

通常为了把这种人为安排的有用短路与事故短路区分开来,常将有用短路称为"短接",如用万用表欧姆调零的时候,将红、黑两表笔短接.

5. 电路的基本物理量

(1) 电流及其参考方向

① 带电粒子(电子、离子等)的定向运动称为电流. 电流的量值(大小)等于单位时间内穿过导体横截面的电荷量,用符号 i 表示,即

$$i = \lim_{\Delta t \to 0} \frac{\Delta q}{\Delta t} = \frac{dq}{dt} \tag{1-1}$$

式中,Δq 为极短时间 Δt 内通过导体横截面的电荷量.

② 电流的方向:电流的实际方向为正电荷的运动方向(或负电荷运动的反方向). 当电流的量值和方向都不随时间变化时,$\frac{dq}{dt}$ 为定值,这种电流称为直流电流,简称直流(DC). 直流电流常用英文大写字母 I 表示,公式(1-1)可写成

$$I = \frac{Q}{t} \tag{1-2}$$

式中,I 为通过导体的电流,单位为安培(A);Q 为通过导体横截面的电荷量,单位为库(C);t 为通电时间,单位为秒(s).

量值和方向随着时间做周期性变化的电流称为交流电流,常用英文小写字母 i 表示.

【例 1-1】 某导体在 0.5s 内均匀通过的电荷量为 4C,求导体中有多大电流通过?

解 $I = \dfrac{Q}{t} = \dfrac{4\mathrm{C}}{0.5\mathrm{s}} = 8\mathrm{A}$

小知识　　　　　　　　　**单位换算小技巧**

在国际单位前所加的 M（兆）、k（千）、m（毫）、μ（微）、n（纳）、p（皮）分别表示 10^6、10^3、10^{-3}、10^{-6}、10^{-9}、10^{-12} 数量级. 例如，$1\mathrm{km} = 10^3 \mathrm{m}$，$1\mathrm{kg} = 10^3 \mathrm{g}$，$1\mathrm{mA} = 10^{-3}\mathrm{A}$，$1\mu\mathrm{A} = 10^{-6}\mathrm{A}$.

在分析复杂电路时，有时电路中电流的实际方向很难预先判断出来，有时电流的实际方向还会不断改变. 因此，很难在电路中标明电流的实际方向. 为此，在分析电路时，常先假设某一方向为电流的正方向，这一方向就称为电流的参考方向，并用箭头标注在电路图上，如图 1-4 所示.

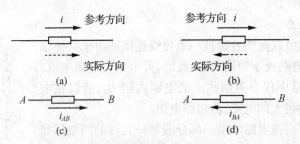

图 1-4　电流的参考方向

若电流的实际方向与参考方向一致，则电流为正值，如图 1-4（a）所示.

若电流的实际方向与参考方向相反，则电流为负值，如图 1-4（b）所示.

电流的参考方向除用箭头在电路上表示外，还可以用双下标表示，如对某一电流，用 i_{AB} 表示其参考方向为由 A 指向 B [图 1-4（c）]，用 i_{BA} 表示其参考方向为由 B 指向 A [图 1-4（d）]. 显然，两者相差一个负号，即

$$i_{AB} = -i_{BA}$$

③ 电流的测量：电流的大小可用电流表（安培表）直接测量，也可用电流天平、电桥、电位差计间接测量.

用万用表测量电流的步骤如下：

a. 估算电流大小，选择量程（应用欧姆定律，在课题二中学习），测量交流电流使用交流挡，测量直流电流使用直流挡.

b. 电路相应部分断开后，将万用表串接到被测电路中，若测直流电流，红表笔接在和电源正极相连的端点，黑表笔接在和电源负极相连的端点.

c. 读取测量出的电流值.

小知识　　　　　　　　　**测量误差**

由于仪表的结构、工艺等自身所固有的不完善，所以总会产生一定误差（基本误差）. 同时，由于温度、频率、波形的变化超出其规定条件，工作位置不当或存在外电场和外磁场的影响等，也会造成一定的误差（附加误差）. 误差的表达方法主要有：

① 绝对误差 Δ = 仪表指示值 A_x - 测量实际值 A_0.

在测量同一对象时，可以用绝对误差来比较不同仪表的准确度，$|\Delta|$ 越小的仪表越准确.

仪表的准确度 $\pm k\% = \dfrac{最大绝对误差 \Delta_m}{仪表量程 A_m} \times 100\%$.

② 相对误差 $\gamma = \dfrac{绝对误差 \Delta}{测量实际值 A_0}$.

相对误差不仅常用来表示测量结果的准确度,而且便于在测量不同大小的被测对象时用来比较测量结果的准确度.

(2) 电压及其参考方向

① 电路中 A、B 两点间的电压就是单位正电荷在电场力的作用下由 A 点移动到 B 点所减少的电能,即

$$u_{AB} = \lim_{\Delta q \to 0} \dfrac{\Delta W_{AB}}{\Delta q} = \dfrac{dW_{AB}}{dq} \tag{1-3}$$

式中,Δq 为由 A 点移动到 B 点的电荷量,ΔW_{AB} 为移动过程中电荷所减少的电能.

在国际单位制中,电压的 SI 单位是伏[特],符号为 V. 常用电压的十进制倍数和分数单位有千伏(kV)、毫伏(mV)、微伏(μV)等.

② 电压的实际方向是使正电荷电能减少的方向,当然也是电场力对正电荷做功的方向.

量值和方向都不随时间变化的电压称为直流电压,用大写字母 U 表示. 量值和方向随着时间做周期性变化的交流电压用小写字母 u 表示.

③ 电压的参考方向.

与电流类似,在电路分析中也要规定电压的参考方向,通常有三种方式表示:

a. 采用正(+)、负(-)极性表示,称为参考极性,如图 1-5(a)所示. 这时正极性端指向负极性端的方向就是电压的参考方向.

b. 采用实线箭头表示,如图 1-5(b)所示.

c. 采用双下标表示,如 u_{AB} 表示电压的参考方向由 A 指向 B.

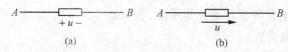

图 1-5 电压的参考方向

④ 电压的测量:电路中两点间的电压可用电压表来测量.

测量电压步骤如下:

a. 估算电压大小,选择量程,测量交流电压使用交流挡,测量直流电压使用直流挡.

b. 若是直流电压表,还应注意表壳接线柱上的"+"、"-"记号应与被测两点的电位相一致,即"+"端接高电位(万用表的红表笔),"-"端接低电位(万用表的黑表笔).

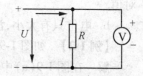

图 1-6 直流电压的测量

c. 将万用表调零后并联在被测电路的两端,如图 1-6 所示.

d. 读取测量出的电压值.

⑤ 关联与非关联参考方向.

分析电路时,首先应该规定各电流、电压的参考方向,然后根据所规定参考方向列写电路方程. 不论电流、电压是直流还是交流,它们均是根据参考方向写出的. 参考方向可以任意规定,不会影响计算结果,因为参考方向相反时,解出的电流、电压值也要改变正、负号,最后得到的实际结果仍然相同.

任一电路的电流参考方向和电压参考方向可以分别独立地规定. 但为了分析方便,常使同一元件的电流参考方向与电压参考方向一致, 即电流从电压的正极性端流入该元件,而从它的负极性端流出. 这时, 该元件的电流参考方向与电压的参考方向是一致的,称为关联参考方向,如图 1-7 所示.

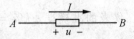

图 1-7 电流和电压的关联参考方向

（3）电位

① 电位就是单位正电荷在电场中某点所具有的位能,用符号 V 表示,单位为伏[特]（V）. 电位只有大小,没有方向,因此是一个标量. 它是相对参考点而言的,这个参考点称为零电位点.

如果参考点为 O 点,则 A 点的电位为

$$V_A = U_{AO}$$

如果已知 A、B 两点的电位各为 V_A、V_B,则此两点间的电压为

$$U_{AB} = U_{AO} - U_{BO} = U_{AO} + U_{OB} = V_A - V_B$$

参考点是可以任意选定的,一经选定,电路中其他各点的电位也就确定了,参考点选择不同,电路中同一点的电位会随之而变,但任意两点的电位差是不变的.

在一个电路系统中只能选择一个参考点,至于选择哪点为参考点,要根据分析问题的方便而定. 在电路中常选择一条特定公共线作为参考点,这条公共线常是很多元件的汇集处且与机壳相联,因此,在电路中参考点用接机壳的符号"⊥"表示.

 电位高低的判断

如果不是电场力而是外力使正电荷从 a 点移到 b 点,即外力做正功, 电场力做负功,这时,V_a、V_b 哪个高？U_{ab} 值为正还是为负？

如图 1-8 所示,负电荷将在电场力作用下,由 c 点移至 d 点时,V_c、V_d 哪个高？U_{cd} 值为正还是为负？

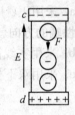

图 1-8 负电荷的移动

② 电压和电位的区别.

a. 电位随着参考点的改变而改变,它是个相对值；而电压与参考点的选择无关,它是个绝对值.

b. 电位只有大小,没有方向；而电压既有大小,又有方向.

【例 1-2】 如图 1-9 所示,求 C、A 两点间的电压 U_{CA}.

解 在图 1-9（a）中可看出,$V_A = 0$,$V_B = 3V$,$V_C = 12V$,则

$$U_{CA} = V_C - V_A = (12 - 0)V = 12V.$$

在图 1-9（b）中可看出,$V_A = -3V$,$V_B = 0$,$V_C = 9V$,则

$$U_{CA} = V_C - V_A = 9V - (-3V) = 12V.$$

由此可见,两点间电压不会随电位的参考点的变化而变化.

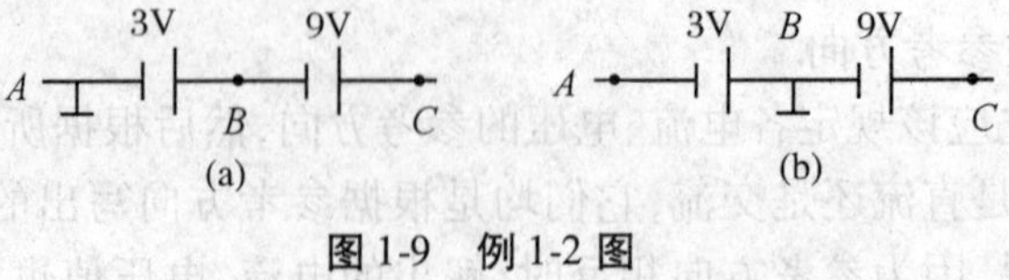

图 1-9 例 1-2 图

(4) 电动势

① 电动势是表征电源中外力(又称非静电力)做功的能力,它的大小等于外力克服电场力把单位正电荷从负极搬运到正极所做的功,它的实际方向规定为从电源的负极指向正极,也就是电位升高的方向.电动势和电压的表示方法如图1-10所示.

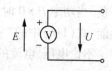

图1-10 电动势和电压的表示方法

② 电动势的大小:可视为开路时电源正负极之间的电位差.
③ 电动势的方向:由电源负极指向正极.
④ 电动势的单位:单位为伏[特],用符号V表示.

生活索引　　　　　　　供水系统与电路

如图1-11所示的供水系统,水自身总是由高处流向低处,要维持不断的水流,就要用水泵把水从低处抽到高处,保证其水位差,这样就形成了水的循环流动.

类比解析:如图1-12所示,正电荷总是从高电位向低电位移动,要得到持续电流,就要由电源的电动势把正电荷从电源的负电极拉到正电极,以此形成闭合电路.

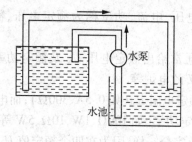

图1-11 供水系统

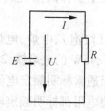

图1-12 电路

(5) 电功率与电能

① 电功率.

a. 电功率定义.电功率(简称功率)是表征电路元件中能量变换的速度,其值等于单位时间(秒)内元件所发出或接收的电能,用P表示,即

$$P = \frac{dW}{dt} = \frac{dW}{dq}\frac{dq}{dt} = ui \tag{1-4}$$

在直流电路中,功率可用下式计算:

$$P = UI \tag{1-5}$$

功率的单位用瓦(W),常用单位还有千瓦(kW)、毫瓦(mW).

b. 电功率的计算.众所周知,电流通过电炉时将电能转换成热能.如果电流通过一个电路元件时,它将电能转换为其他形式的能量,表明这个元件是吸收电能的.在这种情况下,功率用正值表示,习惯上称该元件是吸收功率的.当电池向小灯泡供电时,电池内部的化学变化形成了电动势,它将化学能转换成电能.显然,电流通过电池时,电池是产生电能的,在电路元件中,如果有其他形式的能量转换为电能,即电路元件可以向其外部提供电能,这种情况下的功率用负值来表示,并称该元件是发出功率的.

当U、I是关联参考方向,可按式(1-5)计算元件的功率.

当U、I是非关联参考方向,应按式(1-6)计算元件的功率:

$$P = -UI \tag{1-6}$$

由于电压与电流均为代数量,这样无论按式(1-5)还是按式(1-6)计算出的结果 P 均可正可负. 当功率 $P>0$ 时,表示元件实际消耗或吸收电能;当 $P<0$ 时,表示元件实际发出或释放电能. 式(1-6)中的"－"号只是说明 U、I 是非关联参考方向.

不论电压、电流的参考方向是否相同,电阻元件上的功率永远为正值,计算公式为

$$P = I^2 R = \frac{U^2}{R} \tag{1-7}$$

② 电能.

电能的单位是焦[耳],符号为 J,它等于功率为 1W 的用电设备在 1s 内所消耗的电能. 在实际生活中还采用千瓦·时(kW·h)作为电能的单位,1 千瓦时等于功率为 1kW 的用电设备在 1h 内所消耗的电能,简称 1 度电.

$$1 \text{kW} \cdot \text{h} = 10^3 \times 3\,600 \text{J} = 3.6 \times 10^6 \text{J}$$

能量转换与守恒定律是自然界的基本规律之一,电路当然遵守这一规律. 一个电路中每一瞬间接收电能的各元件功率的总和等于发出电能的各元件功率的总和;或者说,所有元件接受功率的代数和为零. 这个结论叫做"电路的功率平衡".

③ 额定值.

用电器长期安全工作时所允许的最大电压、电流、功率称为额定电压、额定电流、额定功率.

例如,白炽灯(灯泡)、电炉、电烙铁等,通常给出额定电压 U_N 及额定功率 P_N,如 220V、40W 的灯泡,220V、45W 的电烙铁,220V、2kW 的电炉等.

有的可变电阻通常标明额定电流 I_N 和额定电阻 R_N(如 0.5A、300Ω);而电子电路中常用的碳膜电阻与线绕电阻都标明额定电阻及额定功率(如 100Ω、1W,10Ω、5W 等).

虽然上述所标额定值形式不同,但实质上完全一样. 因为在四个额定值 U_N、I_N、P_N、R_N 中,只要任意给定两个,其余两个就可以推算出来.

6. 电阻元件

电阻元件是一种最常见的,用来反映电能消耗的一种二端元件,在任何时刻元件的电压和电流的关系可用伏安特性曲线描述。

① 电阻是用电阻率较大的材料制成的具有一定电阻数值的元件,它是表征了导体对电流阻碍作用的物理量,用符号 R 表示,单位为欧[姆](Ω). 决定电阻值大小的因素有材料、长短、粗细、温度等. 电阻定律为

$$R = \rho \frac{l}{S} \tag{1-8}$$

式中,ρ 为导体的电阻率,单位为欧·米(Ω·m);l 为导体的长度,单位为米(m);S 为导体的横截面积,单位为平方米(m^2);R 为导体的电阻,单位为欧(Ω).

② 电阻率 ρ 与导体的几何形状无关,而与导体材料的性质和所处的条件如温度等有关. 在一定温度下,对同一种材料而言 ρ 是常数,而不同的物质有不同的电阻率. 电阻率的大小反映了各种材料导电性能的好坏,电阻率越大,表示导电性能越差. 表 1-2 列出了几种常用材料的电阻率.

表 1-2　几种材料的电阻率(常温)

材料名称	电阻率 $\rho/(\Omega \cdot m)$	电阻温度系数 $\alpha/(1/℃)$	材料名称	电阻率 $\rho/(\Omega \cdot m)$	电阻温度系数 $\alpha/(1/℃)$
银	1.6×10^{-8}	0.003 6	铁	9.8×10^{-8}	0.006 2
铜	1.7×10^{-8}	0.004	碳	1.0×10^{-5}	−0.000 5
铝	2.8×10^{-8}	0.004 2	锰铜	44×10^{-8}	0.000 006
钨	5.5×10^{-8}	0.004 4	康铜	48×10^{-8}	0.000 005

小知识　　　　　　　　　　　**超导现象**

我们都知道一般条件下物体都有电阻,对于一般的金属导体,温度升高时,电阻会增大.当电流通过时,会发热、升温,若物体的电阻为零,那该多好!

1911 年荷兰物理学家昂尼斯在低温下测量物质的导电情况时发现,当温度低于 4.2K(相当于 −268.95℃)时,导体的电阻突然下降为零,这就是超导现象.

③ 电阻的作用. 电阻是一种消耗电能的元件,在电路中用于控制电压、电流的大小,或与电容和电感组成具有特殊功能的电路等.

④ 电阻的分类. 电阻器有不同的分类方法.

a. 按材料分,有碳膜电阻、水泥电阻、金属膜电阻和线绕电阻等.

b. 按功率分,有 1/16W、1/8W、1/4W、1/2W、1W、2W 等额定功率的电阻.

c. 按电阻值的精确度分,有精确度为 ±5%、±10%、±20% 等的普通电阻,还有精确度为 ±0.1%、±0.2%、±0.5%、±1% 和 ±2% 等的精密电阻. 电阻的类别可以通过外观的标记识别.

d. 按电阻器的外形分,通常分为三大类,即固定电阻、可变电阻、特种电阻.

⑤ 电阻的参数. 电阻的参数很多,在实际应用中,一般常考虑标称阻值、允许误差和额定功率三项参数. 标称阻值是指电阻表面所标的阻值;允许误差是实际阻值与标称阻值之差除以标称阻值所得的百分数;额定功率是指在规定的气压、温度条件下,电阻长期工作时所允许承受的最大电功率. 一般情况下,所选电阻的额定功率应为实际消耗功率的两倍左右,以保护电阻.

电阻值的标注方法:电阻的阻值和允许误差的标注方法主要有直标法、色标法、文字符号法.

a. 直标法. 将电阻的阻值和误差直接用数字和字母印在电阻上(若电阻上未标示误差,则均为 ±20%). 也有厂家采用习惯标记法. 例如:

3Ω3 Ⅰ:表示电阻值为 3.3Ω,允许误差为 ±5%.

1K8:表示电阻值为 1.8kΩ,允许误差为 ±20%.

5M1 Ⅱ:表示电阻值为 5.1MΩ,允许误差为 ±10%.

b. 色标法. 将不同颜色的色环涂在电阻上,用来表示电阻的标称值及允许误差,各种颜色所对应的数值见表 1-3.

表1-3 电阻色标符号意义

颜色	有效数字第一位数	有效数字第二位数	倍乘数	允许误差
棕	1	1	10^1	±1
红	2	2	10^2	±2
橙	3	3	10^3	—
黄	4	4	10^4	—
绿	5	5	10^5	±0.5
蓝	6	6	10^6	±0.2
紫	7	7	10^7	±0.1
灰	8	8	10^8	—
白	9	9	10^9	—
黑	0	0	10^0	—
金	—	—	10^{-1}	±5
银	—	—	10^{-2}	±10
无色	—	—	—	±20

例如,如图1-13(a)中,若电阻上色环从左到右为红红棕金,则电阻阻值为$22\times10^1\Omega$,允许误差为±5%.

在图1-13(b)中,若电阻上色环从左到右为棕紫绿金棕,则电阻阻值为$175\times10^{-1}\Omega$,允许误差为±1%.

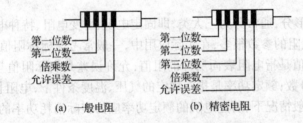

(a) 一般电阻　　(b) 精密电阻

图1-13 电阻色环标志识别规则

c. 文字符号法. 文字符号法是用数字和文字符号或两者有规律的组合,在元器件上标出主要参数的方法. 例如,3M3K,3M3 表示 3.3MΩ,K 表示允许偏差为±10%.

电阻额定功率的识别:电阻的额定功率指电阻在直流或交流电路中,长期连续工作所允许消耗的最大功率. 有两种标志方法:2W 以上的电阻,直接用数字印在电阻体上;2W 以下的电阻,以自身体积大小来表示功率. 在电路图上表示电阻功率时,采用图1-14所示的方法.

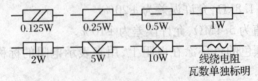

图1-14 电阻额定功率电路符号

【例1-3】 计算图1-15中各元件的功率,并指出是吸收功率还是发出功率.

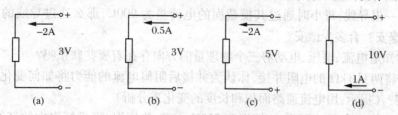

图1-15 例1-3图

解 在图1-15(a)、(b)中,电压与电流为关联参考方向,由式(1-5)得

图1-15(a)中,$P = UI = 3 \times (-2)\text{W} = -6\text{W} < 0$,发出电能.

图1-15(b)中,$P = UI = 3 \times 0.5\text{W} = 1.5\text{W} > 0$,消耗电能.

图1-15(c)、(d)中,电压与电流是非关联参考方向,由式(1-6)得

图(c)中,$P = -UI = -5 \times (-2)\text{W} = 10\text{W} > 0$,消耗电能;

图(d)中,$P = -UI = -10 \times 1\text{W} = -10\text{W} < 0$,发出电能.

电阻元件的电压与电流的实际方向总是一致的,其功率总是正值;电源则不然,它的功率可能是负值,也可能是正值,这说明它可能发出电能,也可能吸收电能.

【例1-4】 图1-16中的两个元件均为电动势 $E = 10\text{V}$ 的电源,在各自标定的参考方向下,电流 $I = 2\text{A}$,试分别计算它们的功率.

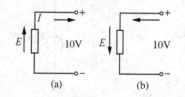

图1-16 例1-4图

解 计算电源的功率时应该注意,电动势与电压的实际方向相反.因此,当计算电源的功率时,只需考虑电源电压的实际方向(从"+"指向"-")与流过电源的电流参考方向是否一致.若两者方向一致,则选用式(1-5)计算功率;反之,则选用式(1-6)计算功率.

图1-16(a)中,$P_E = -UI = -10 \times 2\text{W} = -20\text{W} < 0$,发出电能;

图1-16(b)中,$P_E = UI = 10 \times 2\text{W} = 20\text{W} > 0$,消耗电能.

由此可见,当 E 与 I 的实际方向相同时,电源处于供电状态,图1-16(a)便是这种情形.在多数情况下,电源是发出功率的;当电源的 E 与 I 的实际方向相反时,电能被转换为其他形式的能量,电源处于充电状态.当电源被充电时,就说这个电动势为反电动势.例如,蓄电池在电路中处于充电状态时,其电动势就成为反电动势,图1-16(b)反映的就是这种状态.

【例1-5】 有一只220V、40W的白炽灯,接在220V的供电线路上,求通过它的电流是多少?若平均每天使用2.5h,电价是每千瓦时0.53元,求每月(以30天计)应付出的电费.

解 因为 $P = UI$,所以

$$I = \frac{P}{U} = \frac{40}{220}\text{A} = 0.18\text{A}$$

每月消耗电能为 $W = Pt = 40\text{W} \times 2.5\text{h/天} \times 30\text{ 天} = 3\,000\text{W} \cdot \text{h} = 3\text{kW} \cdot \text{h}$

每月应付电费为 0.53×3 元 $= 1.59$ 元.

八、优化训练

1-1 观察手电筒电路,思考该电路由几部分组成?各部分起什么作用?

1-2 电路有哪几种工作状态？各有什么工作特点？

1-3 有一根导线，每小时通过其横截面的电荷量为900C，那么通过导线的电流是多少安？合多少毫安？合多少微安？

1-4 你知道电流、电压、电动势三个物理量的方向存在着哪些联系吗？

1-5 若将两只1kΩ的电阻并接，你认为并接后阻碍电流的能力将如何变化？若将其串接，又将如何？（提示：用电流通路面积和长度的变化来分析）

1-6 额定值为220V、100W的灯泡和220V、40W的灯泡，哪只灯泡中的灯丝电阻较大？哪只灯泡中的灯丝较粗？

1-7 下面的说法是否正确？为什么？

（1）电路中，电阻元件有时吸收功率（$P>0$），有时产生功率（$P<0$）.

（2）电源在实际电路中，总是向外供给电能（即产生功率）.

（3）任何电路或任何元件上的功率都可以用公式 $P=I^2R$ 或 $P=\dfrac{U^2}{R}$ 来计算.

（4）任何元件上的功率都可以用公式 $P=UI$ 来计算.

1-8 求图1-17电路中的 U_{AB}.

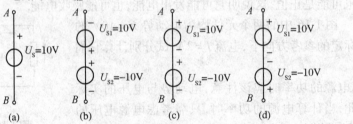

图1-17 题1-8图

1-9 在图1-18电路中，当选择 O 点和 A 点为参考点时，求各点的电位.

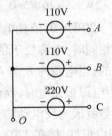

图1-18 图1-9图

1-10 在图1-19电路中，元件是接受功率还是发出功率？各是多少？

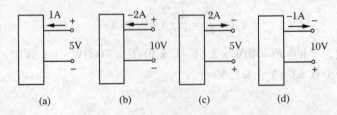

图1-19 题1-10图

1-11 如图1-20所示，五个元件代表电源或负载，电流和电压的参考方向如图中所示，今通过实验测量得知 $I_1=-4A, I_2=6A, I_3=10A, U_1=140V, U_2=90V, U_3=60V, U_4=-80V, U_5$

=30V.

(1) 试标出各电流的实际方向和各电压的实际极性(另画图).
(2) 判断哪些元件是电源？哪些是负载？
(3) 计算各元件的功率,电源发出的功率和负载取用的功率是否平衡？

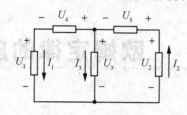

图 1-20 题 1-11 图

1-12 某楼内有 220V、100W 的灯泡 100 只,平均每天使用 3h,每月(一个月按 30 天计算)消耗多少电能？

1-13 有一可变电阻,允许通过的最大电流为 0.3A,电阻值为 2kΩ,求电阻两端允许加的最大电压,此时消耗的功率为多少？

1-14 一个标明 220V、25W 的灯泡,如果把它接在 110V 的电源上,这时它消耗的功率是多少？(假定灯泡的电阻是线性的)

1-15 现有 100W 和 15W 两盏白炽灯,额定电压均为 220V,它们在额定工作状态下的电阻各为多少？可否把它们串联起来接到 380V 电源上使用？

课题二 欧姆定律的应用

一、学习指南

本课题从测量最基本的直流电路入手,引出电流与电压的关系,即部分电路欧姆定律和全电路欧姆定律.通过装接、测量和思考分析,以提高读者的动手技能和分析能力.

本课题的分析方法不仅适用于直流电路,也适用于交流电路.本课题是全书的重要内容之一,因此必须牢固掌握所述基本技能并会熟练应用.

二、学习目标

- 熟练掌握并能应用部分电路欧姆定律和全电路欧姆定律.
- 掌握用直流电压表、电流表、万用表测量电压、电流、电阻的技能.
- 了解用直流单臂电桥测量电阻的方法.
- 掌握测量电源电动势和内阻的方法.
- 初步具备多角度思考问题的能力.
- 初步建立用"宏观"的规律解决或理解"微观"问题的意识.

三、学习重点

欧姆定律的理解与应用.

四、学习难点

全电路欧姆定律的应用.

五、学习时数

4学时.

六、任务书

项目	电源电动势和内阻的测量				时间	2学时		
工具材料	1.5V电池三节,10Ω、20Ω电阻各一只,开关一只,导线若干,万用表两只(或直流电压表、电流表)							
操作要求	1. 看电阻色环,判断电阻 R_1、R_2 的阻值;用万用表(或电桥)测量电阻 R_1、R_2 的阻值,并进行比较. 2. 按图2-1所示装接电路. 3. 测量电阻 R_1 两端的电压 U 和电路中的电流 I;将电池换成两节或三节,再分别测量电阻 R_1 两端的电压 U 和电路中的电流 I. 4. 将 R_1 换成 R_2,按步骤"3"的测量顺序测量 R_2 两端的电压 U 和电流 I. 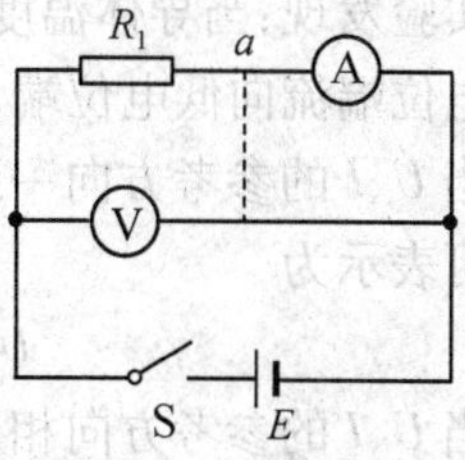							图2-1 项目2

	电阻	物理量	测量1	测量2	测量3	标称值 R/Ω	实测值 R/Ω	计算值 R/Ω	开路端电压 U/V
测量记录	R_1	U_1/V							
		I_1/A							
	R_2	U_2/V							
		I_2/A							

计算与思考	1. 运用部分电路欧姆定律,计算出电阻 R 的值,并与实测值、标称值比较,看其是否相等?若不相等,试分析原因. 2. 运用全电路欧姆定律计算出一节电池的电动势 E 和内阻 r,并将计算得到的 E 值与开路时电源的端电压进行比较,这两个值相近吗?试分析原因. 3. 试根据测量结果,画出电压与电流的关系曲线图. 4. 若将电压表置于"a"处,重测 U、I,计算电阻 R,并与步骤"1"中的值比较,你发现了什么?试分析原因.
体会	
注意事项	1. 由全电路欧姆定律,可得出电源电动势、端电压、电流和内阻有如下关系:$E = U + Ir$. 将 E、r 作为未知数,用电压表和电流表测出不同阻值时的端电压 U 及电流 I,然后解二元方程组,求出 E 和 r. 2. 使用万用表测量电流和电压时,极性不能接错. 3. 测量电阻时,应切断被测电路的电源,且被测电阻至少有一端与被测电路断开. 4. 建议2~3人一组进行实验.

七、知识链接

1. 部分电路欧姆定律

（1）欧姆定律的一般形式

电阻元件上的欧姆定律是说明常用导体伏安特性的重要定律. 1826 年，德国科学家欧姆通过实验发现：当导体温度不变时，导体中的电流 I 与导体两端的电压 U 成正比，电流的方向由高电位端流向低电位端，这就是部分电路欧姆定律.

当 U、I 的参考方向一致时，如图 2-2（a）所示，欧姆定律可表示为

$$U = IR \tag{2-1}$$

当 U、I 的参考方向相反时，如图 2-2（b）所示，欧姆定律可表示为

$$U = -IR \tag{2-2}$$

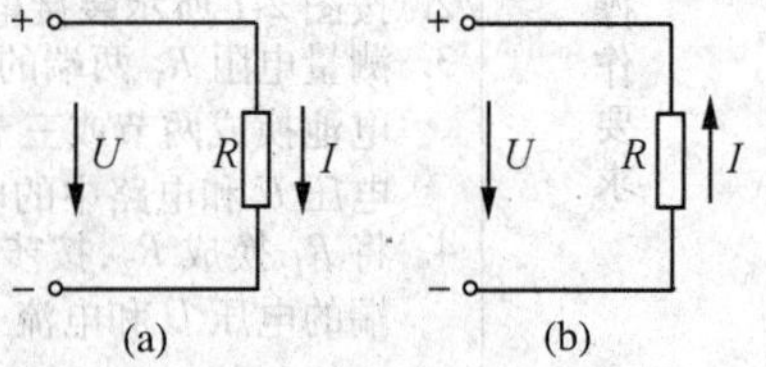

图 2-2 部分电路欧姆定律

式中，U 为导体两端的电压（V），I 为通过导体的电流（A），R 为导体的电阻（Ω）.

从式中可以看出：

- 电压 U 一定时，电阻 R 上升，则电流 I 下降.
- 电流 I 一定时，电阻 R 上升，则电压 U 上升.
- 电阻 R 一定时，电压 U 上升，则电流 I 上升.

这里应注意，一个式子中有两套正、负号，公式中的正、负号是根据电压和电流的参考方向是否一致得出的. 此外，电压和电流本身还有正值和负值之分.

R 为导体两端电压 U 与导体中的电流 I 的比值，叫做导体的电阻，即

$$R = \frac{U}{I} \tag{2-3}$$

电阻的单位为欧[姆]（Ω），常用单位还有千欧（kΩ）、兆欧（MΩ）. 电阻反映了导体对电流的阻碍作用. 式（2-3）还可写为

$$I = \frac{U}{R} = GU \tag{2-4}$$

式中，G 为导体的电导，它反映导体对电流的导通作用，电导的单位为西门子，简称西（简写为 S）. 如果导体两端的电压为 1V，通过的电流为 1A，则该导体的电导为 1S，或其电阻为 1Ω. 电阻表示导体对电流的阻碍作用，电导则说明导体的导电能力，分别反映了导体特性的两个方面. 显然，同一导体的电阻与电导互为倒数，即

$$G = \frac{1}{R} \text{ 或 } R = \frac{1}{G} \tag{2-5}$$

【例 2-1】 某白炽灯接在 220V 电源上，正常工作时流过的电流为 273mA，试求此电灯的电阻.

解 $$R = \frac{U}{I} = \frac{220\text{V}}{0.273\text{A}} \approx 805.8\text{Ω}$$

【例 2-2】 计算图 2-3 所示电路的 U_{aO}、U_{bO}、U_{cO}，已知 $I_1 = 2\text{A}$，$I_2 = -4\text{A}$，$I_3 = -1\text{A}$，$R_1 =$

3Ω, $R_2 = 3\Omega$, $R_3 = 2\Omega$.

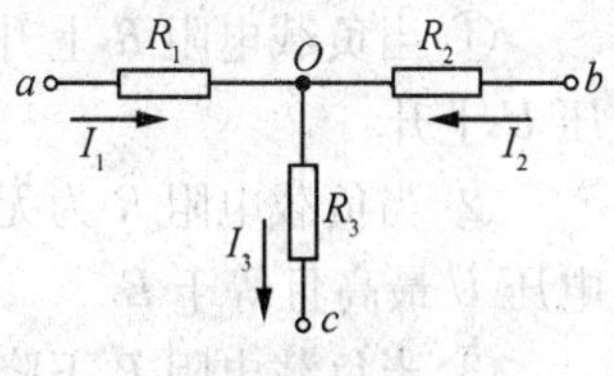

解 R_1、R_2 的电压、电流是关联参考方向,故用式(2-1)计算电压:

$$U_{aO} = I_1 R_1 = 2 \times 3\text{V} = 6\text{V}$$
$$U_{bO} = I_2 R_2 = (-4) \times 3\text{V} = -12\text{V}$$

R_3 的电压、电流是非关联参考方向,故用式(2-2)计算电压:

$$U_{cO} = -I_3 R_3 = -(-1) \times 2\text{V} = 2\text{V}$$

图 2-3 例 2-2 图

(2) 电阻的伏安特性曲线

一般情况下,电阻可分为线性电阻和非线性电阻.

电阻两端的电压与通过它的电流成正比,其伏安特性曲线是通过原点的直线,这类电阻称为线性电阻,其电阻值为常数;反之,电阻两端的电压与通过它的电流不是线性关系,这类电阻称为非线性电阻,其电阻值不是常数.

一般常温下金属导体的电阻是线性电阻,在其额定功率内其伏安特性曲线为直线.像热敏电阻、光敏电阻等,在不同的电压、电流情况下,电阻值不同,伏安特性曲线为非线性.本书中若无特别说明,我们研究的都是线性电阻.

2. 全电路欧姆定律

(1) 全电路

全电路是指含有电源的闭合电路,如图 2-4 所示. 图中虚线框表示一个电源,电源内部一般都存在电阻,这个电阻称为内电阻,用符号 r 表示. 内电阻在图上可单独画出,但由于电动势和内电阻是一个整体,互相是分不开的,因此,往往在电源符号旁边标明电阻的数值就可以了,在图上并不单独画出内阻 r.

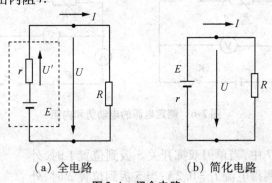

(a) 全电路　　　　(b) 简化电路

图 2-4 闭合电路

(2) 全电路欧姆定律

闭合电路中的电流,与电源的电动势成正比,与整个电路的电阻成反比,这就是闭合电路欧姆定律,即

$$I = \frac{E}{R+r} \tag{2-6}$$

(3) 电源的外特性

电源的外特性是指其端电压与负载变化的关系,由式(2-6)可推出端电压为

$$U = E - Ir \tag{2-7}$$

① 当负载电阻 R 上升,则电流 I 下降,内电压 Ir 下降,端电压 U 上升.

② 当负载电阻 R 为无穷大,即外电路开路时,电流 I 为 0,端电压 U 最高且等于 E.

③ 当负载电阻 R 下降,则电流 I 上升,内电压 Ir 上升,端电压 U 下降.

④ 当负载电阻 R 为 0 时,即外电路短路,端电压 U 为 0,电流达到最大值. 端电压与负载的关系如图 2-5 所示.

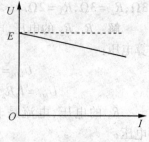

图 2-5　电源的外特性

(4) 端电压与内阻的关系

① 在负载不变时,内阻 r 上升,端电压 U 下降.

② 在负载不变时,内阻 r 下降,端电压 U 上升.

③ 在负载不变时,内阻为 0(这时的电源称为理想电源),端电压不再随电流变化,端电压 U 等于电动势 E.

小试身手　测定电源的电动势和内阻

方法一:如图 2-6(a)所示,电流表与电阻箱 R 串联后再与电压表并联在电路中,电流表接 0.6A 挡,电压表接 3V 挡. 实验时,合上开关 K_1、K_2 后调节电阻箱 R 的阻值,从电流表和电压表上读出相应的电流强度 I 及路端电压 U,当 K_2 断开,K_1 闭合时,电压表上的读数为电源的电动势 E.

方法二:如图 2-6(b)所示,电压表与电阻箱并联再与电流表串联在电路中,实验方法与电路一相同.

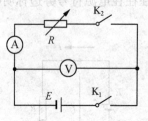 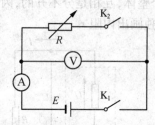

图 2-6　测定电源的电动势和内阻

【例 2-3】　在图 2-7 中,当单刀双掷开关 S 扳到位置 1 时,外电路的电阻 $R_1=14\Omega$,测得电流 $I_1=0.2$A;当 S 扳到位置 2 时,外电路电阻 $R_2=9\Omega$,测得电流 $I_2=0.3$A,求电源的电动势和内阻.

解　根据全电路欧姆定律,可列出如下方程:

$$\begin{cases} E = I_1 R_1 + I_1 r & (1) \\ E = I_2 R_2 + I_2 r & (2) \end{cases}$$

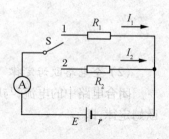

图 2-7　例 2-3 图

消去 E,可得　$I_1 R_1 + I_1 r = I_2 R_2 + I_2 r$

整理后得　$r = \dfrac{I_1 R_1 - I_2 R_2}{I_2 - I_1} = \dfrac{0.2 \times 14 - 0.3 \times 9}{0.3 - 0.2}\Omega = 1\Omega$

把 r 值代入 $E = I_1 R_1 + I_1 r$ 中,可得 $E = 3$V.

【例2-4】 如图2-8所示电路中,$U=220V$,$I=5A$,内阻$R_{01}=R_{02}=0.6\Omega$.(1)试求电源侧的电动势E_1和负载侧的电动势E_2;(2)试说明功率的平衡.

解 (1)电源侧 $U=E_1-U_1=E_1-R_{01}I$

$$E_1=U+R_{01}I=(220+0.6\times5)V=223V$$

负载侧 $U=E_2+U_2=E_2+R_{02}I$

$$E_2=U-R_{02}I=(220-0.6\times5)V=217V$$

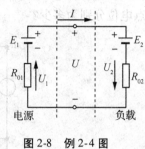

图2-8 例2-4图

(2) $P_{E_1}=-IE_1=-5\times223=-1\ 115W<0$(提供电能)

$P_{E_2}=IE_2=5\times217W=1\ 085W>0$(消耗电能)

$P_{R_{01}}=I^2R_{01}=25\times0.6W=15W>0$(提供电能)

$P_{R_{02}}=I^2R_{02}=25\times0.6W=15W>0$(提供电能)

$1\ 115W=1\ 085W+15W+15W$

由上例可见,在一个电路中,产生的功率与取用的功率是平衡的,即符合功率守恒定理.

3. 电阻的测量

(1)用万用表测量电阻的步骤

① 将选择开关置于所需的欧姆挡,将两表笔短接调零.

② 用两表笔分别接触被测电阻两引脚进行测量.

③ 正确读出指针所指的数值,再乘以倍率(如$R\times100$挡,应乘100)即为被测电阻的阻值.

④ 测量结束后,应拔出表笔,将选择开关置于"OFF"挡或交流电压最大挡位.

(2)用直流单臂电桥测量电阻的步骤

① 将检流计调零,并接入被测电阻.在接入时应采用较粗较短的导线,并将接头拧紧.

② 估计被测电阻的大小,选择适当的比例臂.

③ 电桥接通后,若指针向"+"方向偏转,应增大比较臂电阻;反之,应减小比较臂电阻.如此反复调节,直至检流计指针指零.

④ 计算被测电阻值:被测电阻值=比例臂读数×比较臂读数.

八、优化训练

2-1 试分析闭合电路的两种特殊情况:(1)当外电路断开,即$R\to\infty$;(2)当外电路短路,即$R=0$.在这两种特殊情况下全电路欧姆定律应如何表示?并分析其电动势、端电压及电流的关系.

2-2 在某一闭合回路中,电源内阻$r=0.2\Omega$,外电路的路端电压是1.9V,电路中的电流是0.5A.试求电源的电动势、外电阻及外电阻所消耗的功率.

2-3 电源的电动势$E=2V$,与$R=5\Omega$的负载电阻连接形成闭合电路,测得电源两端的电压为1.8V,求电源的内阻r.

2-4 有一台直流电动机,经两根电阻$R_1=0.2\Omega$的导线接在220V的电源上,已知电动机消耗的功率为10kW,求电动机的端电压和取用的电流.

2-5 如图2-9所示电路中,若理想电压源的电动势$E=230V$,电阻$R_1=R_2$.(1)若各电压的参考方向如图(a)那样标注,则 U、U_1、U_2 及 U_{ac}、U_{ab}、U_{bc} 分别为多少？各点电位分别为多少？(2) 若各电压的参考方向如图(b)那样标注,则 U、U_1、U_2 及 U_{ac}、U_{ab}、U_{bc} 分别为多少？各点电位分别为多少？

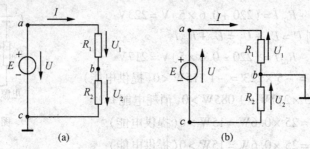

图 2-9　题 2-5 图

第二单元　直流电路

课题三　简单直流电路分析

一、学习指南

直流电路和正弦交流电路是实际中用得最多的两种电路.本课题学习的直流电路是在前一课题基本概念和基本定律的基础上展开的,将着重介绍直流电路最基本的分析和计算方法.这些分析方法不仅适用于直流电路,也适用于交流电路.

二、学习目标

- 掌握串并联电路的性质和作用,理解串联分压、并联分流和功率分配的原理,掌握混联电路的分析和计算方法.
- 掌握直流电桥电路的平衡条件及其应用.
- 掌握负载获得最大功率的条件,并会简单计算其最大功率.
- 了解电桥测定电阻的基本原理.
- 了解万用表的基本工作原理.
- 能正确地使用万用表测定不同阻值的电阻.
- 初步具备分析电阻串、并联电路的能力.

三、学习重点

串联与并联电路的性质和作用,以及电压、电流、等效电阻的计算和测量.

四、学习难点

串联分压、并联分流以及较为复杂的混联电路的等效电阻、支路电流和电压的计算.

五、学习时数

8 学时.

六、任务书

项目	电阻串、并联电路的连接和分析	时间	2 学时
工具材料	12V 直流电源一个,开关一只,电阻若干,导线若干,万用表一只		
操作要求	1. 电路如图 3-1 所示,现要使 R_5 获取最大功率(设电源内阻可略去不计),请在提供的电阻中选取相应电阻,并按图装接. 2. 合上 S,测量通过 5 只电阻的电流. 3. 合上 S,测量 A、B、C、D、E 点的电压. 4. 再将阻值为 1kΩ 的 R_6 接在 B、C 间,测量通过 R_6 的电流.	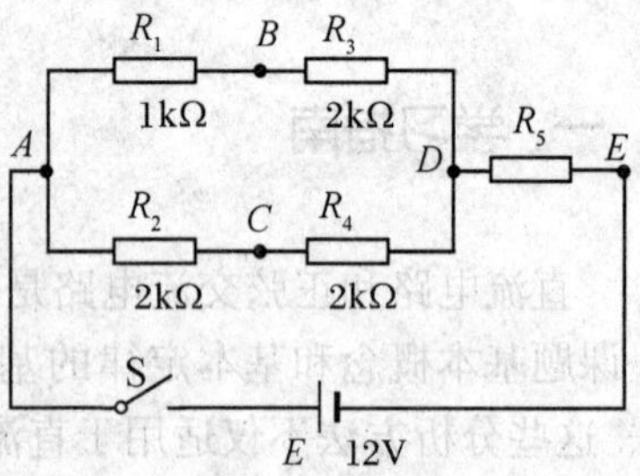 图 3-1 项目 3	

测量记录	电位 /V	物理量	V_A	V_B	V_C	V_D	V_E	/
		测量值						
		计算值						
	电压 /V	物理量	U_{AB}	U_{BD}	U_{AC}	U_{CD}	U_{DE}	
		测量值						
		计算值						
	电流 /mA	物理量	I_1	I_2	I_3	I_4	I_5	I_6
		测量值						
		计算值						

计算与思考	1. 根据测量得到的电位值,计算相应电压,并填入记录表中. 2. 计算记录表中的相关数据,并与测量值比较. 3. 计算 R_5 获得的最大功率. 4. 验证:(1) $U_{AE} = U_{AB} + U_{BD} + U_{DE}$;(2) $U_{AE} = U_{AC} + U_{CD} + U_{DE}$;(3) $I_5 = I_1 + I_2 = I_3 + I_4$. 5. 讨论接入 R_6 后对原电路的影响.
体会	
注意事项	1. 要提供足够的电阻以供选择,且必须有相应的阻值. 2. 通过本课题的学习后,需对电位、电压、电流等概念的特点进行反思. 3. 建议 2~3 人一组进行实验.

七、知识链接

只含电阻元件的电路称为电阻电路,如果电阻元件都是线性的,则称为线性电阻电路,否则便是非线性电阻电路. 无特别说明本书只讨论线性电阻电路.

1. 电阻的串联电路

(1) 电阻串联电路的概念

在电路中,几个电阻一个接一个地串接起来,中间没有分支,这种联接方式称为电阻的串联,图 3-2(a) 所示为 3 个电阻的串联电路.

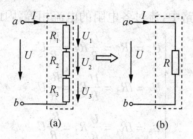

图 3-2 串联电阻的等效变换

(2) 电阻串联电路的特点

电阻的串联电路有下列几个特点:

① 串联电路中通过各电阻的电流为同一电流,因此各电阻中的电流相等,即

$$I = I_1 = I_2 = I_3 = \cdots = I_n \tag{3-1}$$

② 串联电路中外加电压等于各个电阻上的电压之和,即

$$U = U_1 + U_2 + U_3 = IR_1 + IR_2 + IR_3 = I(R_1 + R_2 + R_3) = IR \tag{3-2}$$

式中 U_1、U_2、U_3 代表各个电阻上的电压.

由 n 个电阻串联,式(3-2)可表示为

$$U = U_1 + U_2 + U_3 + \cdots + U_n \tag{3-3}$$

③ 电源供给的功率等于各个电阻上消耗的功率之和,即

$$P = UI = U_1 I + U_2 I + U_3 I = I^2 R_1 + I^2 R_2 + I^2 R_3 = I^2 (R_1 + R_2 + R_3) = I^2 R \tag{3-4}$$

(3) 电阻串联电路的等效电阻

在上面的分析和计算中,都用到了等效电阻的概念,即

$$R = R_1 + R_2 + R_3 \tag{3-5}$$

式(3-5)说明,几个电阻的串联电路可以用一个等效电阻来替代,几个电阻串联的等效电阻等于各个电阻之和,如图 3-2(b) 所示.

在电路分析中,"等效"是一个非常重要的概念. 所谓等效,就是效果相等,也就是电路的工作状态不变. 图 3-2(a) 所示电路中虚线框内电阻的串联电路变换为图 3-2(b) 后,电路得到了简化,而虚线框外部电路的工作状态没有改变,电流、电压、功率都和变换之前完全相同. 只要 $R = R_1 + R_2 + R_3$,则有 $U = IR$,$P = I^2 R$.

推而广之,当有 n 个电阻 $R_1, R_2, \cdots, R_n$ 串联时,其总的等效电阻为

$$R = R_1 + R_2 + R_3 + \cdots + R_n = \sum_{i=1}^{n} R_i \qquad (3\text{-}6)$$

几个电阻串联后的等效电阻比每一个电阻都大,端口 a、b 间的电压一定时,串联电阻越多,电流越小,所以串联电阻可以"限流".

想一想　　独木桥串、并接的启示

在一座独木桥的后边不造大马路,而再架独木桥,这将使其对人流的阻碍增大.而在独木桥的旁边架起更多的独木桥,将使人流更易疏散,交通阻碍减小.它们之间串接相当于长度变长,它们之间并接相当于横截面积增大.

(4) 电阻串联电路的分压公式

在图 3-2(a)的电阻串联电路中,流过各电阻的电流相等,因此各电阻上的电压分别为

$$\begin{cases} U_1 = IR_1 = \dfrac{U}{R}R_1 = \dfrac{R_1}{R}U \\ U_2 = IR_2 = \dfrac{U}{R}R_2 = \dfrac{R_2}{R}U \\ U_3 = IR_3 = \dfrac{U}{R}R_3 = \dfrac{R_3}{R}U \end{cases} \qquad (3\text{-}7)$$

这就是电阻串联电路的分压公式,其中 $R = R_1 + R_2 + R_3$,从而得到

$$U_1 : U_2 : U_3 = R_1 : R_2 : R_3$$

说明各电阻上的电压是按电阻的阻值大小进行分配的.

(5) 串联电路的应用

① 利用小电阻的串联来获得较大阻值的电阻.

② 利用串联电阻构成分压器,可使一个电源供给几种不同的电压,或从信号源中取出一定数值的信号电压.

③ 利用串联电阻的方法,限制和调节电路中电流的大小.

④ 利用串联电阻来扩大电压表的量程,以便测量较高的电压等.

【例 3-1】　假设有一个表头,电阻 $R_g = 1\,000\,\Omega$,满偏电流 $I_g = 100\,\mu A$. 要把它改装成量程是 3V 的电压表,应该串联多大的电阻?

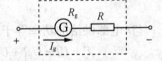

图 3-3　例 3-1

解　电表指针偏转到满刻度时它两端的电压为

$$U_g = I_g R_g = 0.1\,V$$

这是它能承担的最大电压. 现在要让它测量最大为 3V 的电压,则分压电阻 R 必须分担 2.9V 的电压. 由于串联电路中电压与电阻成正比,即

$$\frac{U_g}{U_R} = \frac{R_g}{R}$$

则

$$R = \frac{U_R}{U_g} R_g = \frac{2.9}{0.1} \times 1\,000\,\Omega = 29\,k\Omega$$

可见,串联 $29\,k\Omega$ 的分压电阻后,就把这个表头改装成了量程为 3V 的电压表.

小试身手

电路设计

利用几个电阻串联,可使同一电源提供多种电压. 现有一电源,其电压为300V,要求其能提供正负150V的电压. 如何设计?

2. 电阻的并联电路

(1) 电阻并联电路的概念

在电路中,将几个电阻的一端连在一起,另一端也连在一起,这种联接方法称为电阻的并联,图3-4(a)所示为三个电阻的并联电路.

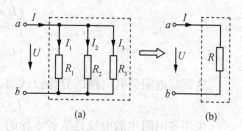

图3-4 电阻的并联

(2) 电阻并联电路的特点

电阻的并联电路有下列几个特点:

① 在并联电路中,加在各电阻两端的电压为同一电压,因此各电阻上的电压相等,即

$$U = U_1 = U_2 = U_3 = \cdots = U_n$$

由 n 个电阻串联则可表示为

$$U = U_1 = U_2 = U_3 = \cdots = U_n \tag{3-8}$$

② 在并联电路中,外加的总电流等于各个电阻中的电流之和,即

$$I = I_1 + I_2 + I_3 \tag{3-9}$$

即

$$I = \frac{U}{R_1} + \frac{U}{R_2} + \frac{U}{R_3} = U\left(\frac{1}{R_1} + \frac{1}{R_2} + \frac{1}{R_3}\right) = \frac{U}{R}$$

式中,I_1、I_2、I_3 代表各个电阻中的电流.

③ 电源供给的功率等于各个电阻上消耗的功率之和,即

$$P = UI = UI_1 + UI_2 + UI_3 = \frac{U^2}{R_1} + \frac{U^2}{R_2} + \frac{U^2}{R_3} = \frac{U^2}{R} \tag{3-10}$$

(3) 电阻并联电路的等效电阻

在上面的分析和计算中,都用到了等效电阻的概念,即

$$\frac{1}{R} = \frac{1}{R_1} + \frac{1}{R_2} + \frac{1}{R_3} \tag{3-11}$$

式(3-11)说明,几个电阻的并联电路可以用一个等效电阻来替代,电阻并联电路的等效电阻的倒数等于各个电阻的倒数之和,如图3-4(b)所示.

电阻的倒数又称为电导,所以我们也可以用等效电导来表示,其表达式为

$$G = G_1 + G_2 + G_3 \tag{3-12}$$

即几个电阻并联时的等效电导等于各个电导之和.

图3-4(a)所示电路中虚线框内的电阻并联电路变换为图3-4(b)后,电路得到了简化,而虚线框外部电路的工作状态并没有改变,电流、电压、功率都和变换之前完全相同. 只要 $G = G_1 + G_2 + G_3$,则有 $I = UG, P = U^2 G$.

推而广之,当有 n 个电阻 $R_1, R_2, R_3, \cdots, R_n$ 并联时,其总的等效电导为

$$G = G_1 + G_2 + G_3 + \cdots + G_n = \sum_{i=1}^{n} G_i \tag{3-13}$$

几个电阻并联后的等效电阻比每一个电阻都小,端口 a、b 间的电压一定时,并联电阻越

多,总的电阻就越小,电源提供的电流就越大,功率也就越大.

(4) 电阻关联电路的分流公式

在图3-4(a)的电阻并联电路中,加在各电阻上的电压相等,因此各电阻中的电流分别为

$$\begin{cases} I_1 = \dfrac{U}{R_1} = I\dfrac{R}{R_1} = I\dfrac{G_1}{G} \\ I_2 = \dfrac{U}{R_2} = I\dfrac{R}{R_2} = I\dfrac{G_2}{G} \\ I_3 = \dfrac{U}{R_3} = I\dfrac{R}{R_3} = I\dfrac{G_3}{G} \end{cases} \quad (3\text{-}14)$$

这就是电阻并联电路的分流公式,其中 $G = G_1 + G_2 + G_3$,从而得到

$$I_1 : I_2 : I_3 = G_1 : G_2 : G_3$$

说明各电阻中的电流是按各电导的大小进行分配的.

(5) 并联电路的应用

① 利用电阻的并联可获得较小阻值,以满足电路设计的要求.

② 利用将工作电压相同的负载并联(照明灯、家用电器等工作电压均为220V),可使任何一个负载的工作情况不受其他负载的影响.

③ 利用在电流表两端并接分流电阻,可扩大电流表的量程等.

【例3-2】 供电电压为220V,每根输电导线的电阻 $R_1 = 1\Omega$,电路中并联了100盏220V、40W的电灯.求:(1)只打开其中10盏时,每盏灯的电压和功率;(2)100盏全部打开时,每盏灯的电压和功率.

解 根据题意,100盏电灯是并联的,电灯与输电导线是串联的,其中,R_1是每根输电导线的电阻,电路如图3-5所示.从图上可以看出,电灯的电压等于线路电压减去输电导线上的电压,因此,应先求出并联电灯的等效电阻 R_3,再求出电路的总电阻 R,从而算出电路中的总电流,再求出输电导线上的电压,这样就求得电灯的电压和功率.

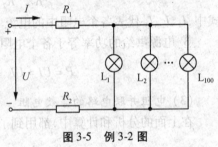

图3-5 例3-2图

(1) 只打开10盏电灯的时候:

每盏电灯的电阻 $R_2 = \dfrac{U^2}{P} = \dfrac{(220\text{V})^2}{40\text{W}} = 1\,210\Omega$

10盏电灯并联后的等效电阻 $R_3 = \dfrac{R_2}{10} = \dfrac{1\,210\Omega}{10} = 121\Omega$

电路中的总电阻 $R = R_3 + 2R_1 = 121\Omega + 2 \times 1\Omega = 123\Omega$

电路中的总电流 $I = \dfrac{U}{R} = \dfrac{220\text{V}}{123\Omega} \approx 1.8\text{A}$

两根输电导线上的电压 $U_r = 2R_1 I = 2 \times 1\Omega \times 1.8\text{A} = 3.6\text{V}$

电灯的电压 $U_L = U - U_r = 220\text{V} - 3.6\text{V} = 216.4\text{V}$

每盏电灯的功率 $P = \dfrac{U_L^2}{R} = \dfrac{(216.4\text{V})^2}{1\,210\Omega} \approx 39\text{W}$

(2) 100盏电灯全部打开的时候,解题方法同(1),可得电灯的电压 $U_L = 188\text{V}$,每盏电灯

的功率 $P_L = 29W$.

> **小知识**   **傍晚的灯为何较暗**
>
> 从上例可看出,电路中并联的用电器越多,并联部分的电阻就越小,在总电压不变的条件下,电路中的总电流就越大,因此,输电线上的电压降就越大.这样,加在用电器上的电压就越小,每个用电器消耗的功率也就越小.人们在晚上七、八点钟开灯时,由于此时使用照明灯的用户较多,灯光就比深夜时暗些.

【例3-3】 有一只电流表,它的最大量程 $I_g = 100\mu A$,其内阻 $r_g = 1k\Omega$. 若将其改装成最大量程为 $1\,100\mu A$ 的电流表,应如何处理?

解 原电流表最大量程只有 $100\mu A$,用它直接测量 $1\,100\mu A$ 的电流显然是不行的,必须并联一个电阻进行分流以扩大量程,如图3-6所示.

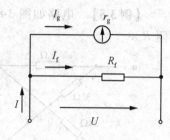

图3-6 扩大电流量程

流过分流电阻 R_f 的电流为

$$I_f = I - I_g = (1\,100 - 100)\mu A = 1\,000\mu A = 1mA$$

电阻 R_f 两端的电压 U_f 与原电流表两端的电压 U_g 相等,因此

$$U_f = U_g = I_g r_g = 100 \times 10^{-6}A \times 1 \times 10^3\Omega = 0.1V$$

所以 $R_f = \dfrac{U_f}{I_f} = \dfrac{0.1V}{1 \times 10^{-3}A} = 100\Omega$

3. 电阻的混联电路

(1) 电阻的混联电路的概念

所谓电阻的混联电路,就是指串联和并联电阻组合成的二端电阻网络.

一般情况下,电阻混联电路所组成的无源二端网络,总可以先分别将串联和并联部分用上述等效电阻的概念逐步简化,最后化为一个等效电阻.

(2) 混联电路电阻的计算方法

① 简单混联电路的计算:凡是能用串联与并联办法逐步化简的电路,无论有多少电阻,结构有多么复杂,仍然属于简单电路.这类电路的化简先按串联和并联的计算方法,一步一步地把电路化简,最后就可以求出总的等效电阻.

【例3-4】 电路如图3-7(a)所示,求电源输出电流 I 的大小.

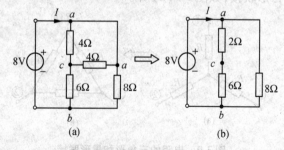

图3-7 例3-4图

解 要求出 I 的大小,可以先求电路 a、b 两端的等效电阻 R_{ab}. 为了判断电阻的串、并联关

系,可以先将电路中的各节点标出,本例中对各电阻的联接来说,可标出三个节点 a、b、c,根据节点 a、c 间的联接关系可知为两个 4Ω 的电阻并联,其值为 2Ω,由此可得图 3-7(b)所示电路. 这时,a、b 两端的等效电阻为

$$R_{ab} = \frac{(2+6) \times 8}{(2+6)+8}\Omega = 4\Omega$$

因此,电路中的电流为

$$I = \frac{8\text{V}}{4\Omega} = 2\text{A}$$

【例 3-5】 电路如图 3-8(a)所示,分别计算开关 S 打开与合上时 a、b 两端的等效电阻 R_{ab}.

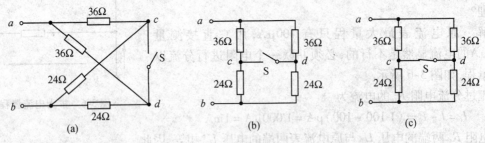

图 3-8 例 3-5 图

解 当开关 S 打开时,电路如图 3-8(b)所示,等效电阻 R_{ab} 为

$$R_{ab} = \frac{(36+24) \times (36+24)}{(36+24)+(36+24)}\Omega = 30\Omega$$

当开关 S 闭合时,电路如图 3-8(c)所示,等效电阻 R_{ab} 为

$$R_{ab} = \frac{36 \times 36}{36+36}\Omega + \frac{24 \times 24}{24+24}\Omega = 30\Omega$$

② 复杂混联电路的计算:凡是不能用电阻简单串、并联等效变换而化简的电路,无论结构如何简单,都叫做复杂电路.

在复杂混联电路里,往往不易一下就看清电阻之间的关系,难于下手分析,这时就要根据电路的具体结构,对电路进行等效变换,使其电阻之间的关系一目了然,而后进行计算. 进行电路的等效变换可采用星形联接与三角形联接之间的等效变换.

三个电阻元件的一端联接在一起,另一端分别联接到电路的三个节点,这种联接方式叫做星形联接,简称 Y 形联接,如图 3-9(a)所示. 三个电阻元件首尾相连,连成一个三角形,就叫做三角形联接,简称 △ 形联接,如图 3-9(b)所示.

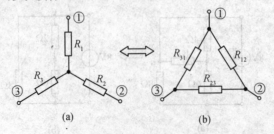

图 3-9 电阻的三角形和星形联接

当要求两电路对外等效时,在 Y 形联接和 △ 形联接电路中,对应的任意两端间的等效电

阻也必然相等. 根据这一特性,则 Y 形联接的三个电阻 R_1、R_2、R_3 与 △形联接的三个电阻 R_{12}、R_{23}、R_{31} 之间有如下关系:

在两电路中,均悬空第③端子,则①、②之间的阻值为

$$R_1 + R_2 = \frac{R_{12}(R_{23} + R_{31})}{R_{12} + R_{23} + R_{31}} \tag{3-15}$$

在两电路中,均悬空第②端子,则①、③之间的阻值为

$$R_3 + R_1 = \frac{R_{31}(R_{12} + R_{23})}{R_{12} + R_{23} + R_{31}} \tag{3-16}$$

在两电路中,均悬空第①端子,则②、③之间的阻值为

$$R_2 + R_3 = \frac{R_{23}(R_{12} + R_{31})}{R_{12} + R_{23} + R_{31}} \tag{3-17}$$

a. 将△形网络变换为 Y 形网络.

将△形网络等效变换为 Y 形网络,就是已知△形电路的三个电阻,求等效变换成 Y 形电路时的各电阻.

将上面的式(3-15)、(3-16)、(3-17)联立并相加,再除以 2,得

$$R_1 + R_2 + R_3 = \frac{R_{12}R_{23} + R_{23}R_{31} + R_{31}R_{12}}{R_{12} + R_{23} + R_{31}}$$

然后再将该式分别减去上面的三个式子中的每一个,从而得到将△形网络等效变换为 Y 形网络的条件:

$$\begin{cases} R_1 = \dfrac{R_{12}R_{31}}{R_{12} + R_{23} + R_{31}} \\ R_2 = \dfrac{R_{12}R_{23}}{R_{12} + R_{23} + R_{31}} \\ R_3 = \dfrac{R_{23}R_{31}}{R_{12} + R_{23} + R_{31}} \end{cases} \tag{3-18}$$

为了便于记忆,可将式(3-18)的等效变换公式归纳成如下形式:

$$星形电阻 = \frac{三角形网络中相邻两电阻的乘积}{三角形网络中各电阻之和} \tag{3-19}$$

若△形的三个电阻相等,出现 $R_{12} = R_{23} = R_{31} = R_\triangle$ 时,则有

$$R_1 = R_2 = R_3 = R_Y$$

并有

$$R_Y = \frac{1}{3}R_\triangle \tag{3-20}$$

b. 将 Y 形网络变换为△形网络.

将 Y 形网络等效变换为△形网络,就是已知 Y 形电路的三个电阻,求等效变换成△形电路时的各电阻.

将式(3-18)三式分别两两相乘,然后再相加可得

$$R_1R_2 + R_2R_3 + R_3R_1 = \frac{R_{12}R_{23}R_{31}(R_{12} + R_{23} + R_{31})}{(R_{12} + R_{23} + R_{31})^2} = \frac{R_{12}R_{23}R_{31}}{R_{12} + R_{23} + R_{31}}$$

再将该式分别除以式(3-18)式中的每一个,就得到将 Y 形网络等效变换为△形网络的条件:

$$\begin{cases} R_{12} = \dfrac{R_1R_2 + R_2R_3 + R_3R_1}{R_3} \\ R_{23} = \dfrac{R_1R_2 + R_2R_3 + R_3R_1}{R_1} \\ R_{31} = \dfrac{R_1R_2 + R_2R_3 + R_3R_1}{R_2} \end{cases} \qquad (3\text{-}21)$$

为了便于记忆,式(3-21)等效变换的公式可写成如下形式:

$$三角形电阻 = \frac{星形网络中各电阻两两乘积之和}{星形网络中的对角端电阻} \qquad (3\text{-}22)$$

同样,由式(3-22)可知,当 $R_1 = R_2 = R_3 = R_Y$ 时,有 $R_{12} = R_{23} = R_{31} = R_\triangle$,并有

$$R_\triangle = 3R_Y \qquad (3\text{-}23)$$

【例3-6】 求图 3-10(a)所示电路 a、b 两端间的电阻。

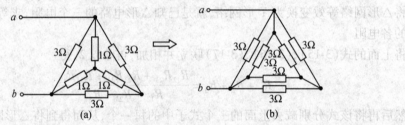

图 3-10 例 3-6 图

解 将三个 1Ω 电阻组成的 Y 形联接电路,等效变换为△形联接电路,可得到图 3-10(b),$R_\triangle = 3R_Y$,由此可得

$$R_{ab} = \frac{3 \times 1.5}{3 + 1.5}\Omega = 1\Omega$$

4. 电桥

(1) 直流电桥电路

如图 3-11(a)所示,电阻 R_1、R_2、R_3、R_4 连接成四边形闭合回路,是电桥的四个"臂",称为桥臂电阻。

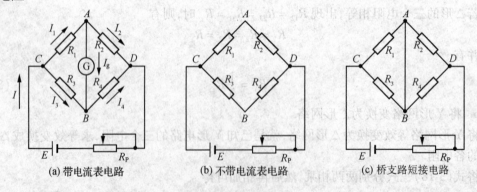

(a) 带电流表电路　　　(b) 不带电流表电路　　　(c) 桥支路短接电路

图 3-11 直流电桥电路

在一组对角顶点上接入的灵敏电流表是电桥的桥,称为桥支路。在另一组对角顶点上接入直流电源 E 和可变电阻 R_P,就组成了最简单的直流电桥,也叫单臂电桥。

（2）直流电桥平衡

当电桥电路的 4 个桥臂电阻满足一定关系时，桥支路中没有电流通过，这种状态称为电桥平衡.

想一想　　　　　**安培表的使用**

图 3-12（a）所示为安培表外接法测电阻阻值的电路，图 3-12（b）所示为安培表内接法测电阻阻值的电路. 前者适用于被测电阻 R 较小的情况，而后者适用于被测电阻 R 较大的情况. 你知道为什么吗？

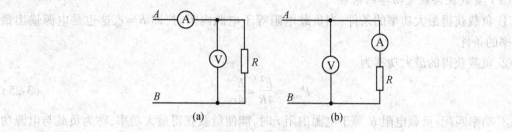

图 3-12　测量电阻的方法

【例 3-7】　在图 3-11（a）所示电路中，如果 $R_1 = R_3 = 1\text{k}\Omega$，$R_2 = R_4 = 2\text{k}\Omega$，这时电桥平衡吗？

解　从数据上看，电流好像较复杂，但先除去电流表，电路变为如图 3-11（b）所示，则电路就显得非常简单.

$$\frac{R_1}{R_2} = \frac{R_3}{R_4} = \frac{1}{2}$$

根据电阻串联分压公式可知 $U_{CA} = U_{CB}$，因此，这时将电流表接入 A、B 间，对电路不会产生任何影响，即电流表中的电流为零，电桥处于平衡状态.

① 电桥平衡的条件：电桥邻臂电阻的比值相等，或电桥对臂电阻的乘积相等，即

$$\frac{R_1}{R_2} = \frac{R_3}{R_4} \text{ 或 } R_1 R_4 = R_2 R_3 \tag{3-24}$$

② 电桥平衡的特点：桥支路电流为零，桥两端电压为零. 在电桥处于平衡状态下，桥支路的开路如图 3-11（b）所示或短路如图 3-11（c）所示都不会影响各臂电流的分配.

③ 电桥平衡电路的应用：电桥电路在电子技术中应用很广，特别是在自动控制和测量技术中经常用于测量电阻. 它同用万用表电阻挡测电阻相比较，具有较高的测量准确度. 通常是将待测电阻 R_x 作为电桥的一个臂接在图 3-11（a）中 R_4 位置，在已知 R_1、R_2、R_3 阻值的情况下，当电桥处于平衡状态时，可根据电桥平衡条件，得

$$R_x = \frac{R_2 R_3}{R_1}$$

小知识　　　　　**滑线式电桥测电阻**

单臂电桥有多种形式，实验室常用的是滑线式电桥，如图 3-13 所示. 电桥的主要部分是一条 1m 长的均匀电阻线 AC. 待测电阻 R_x 接在 B、C 间，作已知电阻用的电阻箱 R 接在 A、B 间，D 是滑动触头，可沿 AC 线移动，平时不与 AC 线接触，按下后接通，

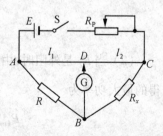

图 3-13　滑线式电桥电路

松手后又断开.

由于电阻线 AC 是均匀的,AD 段的电阻与 DC 段的电阻之比等于它们的长度比 l_1/l_2. 因此,按下滑动触头后,如果检流计中没有电流通过,就可用 $R_x = \dfrac{l_2}{l_1}R$ 计算出 R_x 的阻值.

5. 负载获得最大功率的条件

电路中,在电源给定的情况下,负载不同,电源传输给负载的功率也不同. 在什么条件下,负载才能获得最大功率?

(1) 负载获得最大功率的条件

① 负载获得最大功率的条件:当负载电阻等于电源内阻时,即 $R = r$,这也是电源输出最大功率的条件.

② 负载获得的最大功率为

$$P_{max} = \dfrac{E^2}{4R} = \dfrac{E^2}{4r} \tag{3-25}$$

③ 功率匹配:负载电阻 R 等于电源内阻 r 时,能使负载获得最大功率,称为负载与电源功率匹配.

(2) 功率与负载的关系

负载功率 P 随电阻 R 变化的关系曲线如图 3-14 所示. 从图中可看出:

当 $R = 0$ 时,端电压 $U = 0$,则 $UI = 0$,$P = 0$;

当 R 上升,但小于 r 时,端电压 U 上升,则 UI 上升,即 P 上升;

当 $R = r$ 时,则 UI 最大,即 $P = P_{max}$;

当 R 上升,且大于 r 时,I 下降,则 UI 下降,即 P 下降;

当 $R \to \infty$,$I \approx 0$,则 $UI \approx 0$,即 $P \approx 0$.

图 3-14 功率与负载关系曲线

【例 3-8】 在图 3-15 所示电路中,$R_1 = 4\Omega$,电源的电动势 $E = 36\text{V}$,内阻 $r = 0.5\Omega$,R_2 为变阻器. 要使电阻 R_1 获得的功率最大,R_2 的值应为多大? 这时 R_1 获得的功率是多大?

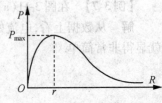

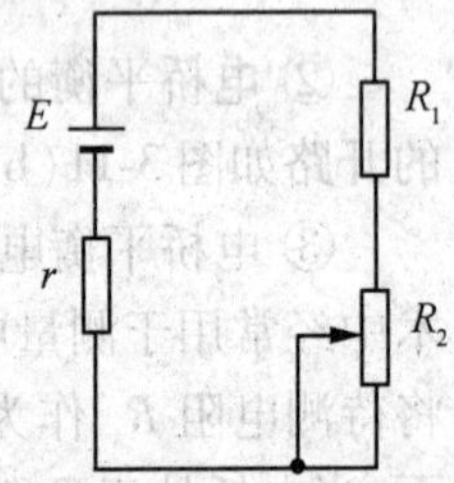

图 3-15 例 3-8 图

解 (1) 可以把 R_2 看成是电源内阻的一部分,这样内阻就成为 ($R_2 + r$). 利用负载获得最大功率的条件,可得

$$R_1 = R_2 + r$$

即 $R_2 = R_1 - r = 4\Omega - 0.5\Omega = 3.5\Omega$

这时 R_1 获得的最大功率为

$$P_{1max} = \dfrac{E^2}{4R_1} = \dfrac{36^2}{4 \times 4}\text{W} = 81\text{W}$$

(2) 当 R_2 是外阻时,由于 $P = \left(\dfrac{E}{r + R_1 + R_2}\right)^2 R_1$,可以看出,当 $R_2 = 0$ 时 P 最大,这时 R_1 获得的最大功率为

$$P_{1max} = \left(\dfrac{E}{r + R_1}\right)^2 R_1 = \left(\dfrac{36}{0.5 + 4}\right)^2 \times 4\text{W} = 256\text{W}$$

6. 万用表的使用

"万用表"是万用电表的简称,它是电子制作中一个必不可少的工具. 万用表能测量电流、电压、电阻,有的还可以测量三极管的放大倍数、频率、电容值、逻辑电位、分贝值等. 万用表有很多种,现在最流行的有机械指针式万用表和数字式万用表,它们各有优点. 对于初学者,建议使用指针式万用表,因为它对初学者熟悉一些电子知识原理很有帮助. 下面介绍机械指针式万用表的原理和使用方法.

(1) 万用表的基本原理

万用表的基本原理是利用一只灵敏的磁电式直流电流表(微安表)做表头. 当微小电流通过表头,就会有电流指示. 但表头不能通过大电流,所以必须在表头上并联或串联一些电阻进行分流或降压,从而测出电路中的电流、电压和电阻,下面分别介绍.

① 测直流电流原理. 如图 3-16(a)所示,在表头上并联一个适当的电阻(叫做分流电阻)进行分流,就可以扩展电流量程. 改变分流电阻的阻值,就能改变电流的测量范围.

② 测直流电压原理. 如图 3-16(b)所示,在表头上串联一个适当的电阻(叫做倍增电阻)进行降压,就可以扩展电压量程. 改变倍增电阻的阻值,就能改变电压的测量范围.

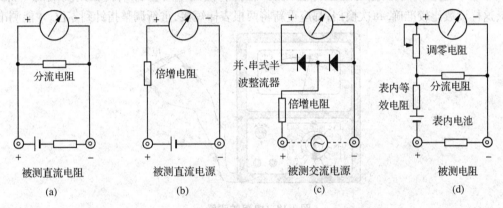

图 3-16　万用表的工作原理

③ 测交流电压原理. 如图 3-16(c)所示,因为表头是直流表,所以测量交流时,需加装一个并、串式半波整流电路,将交流进行整流变成直流后再通过表头,这样就可以根据直流电的大小来测量交流电压. 扩展交流电压量程的方法与直流电压量程相似.

④ 测电阻原理. 如图 3-16(d)所示,在表头上并联和串联适当的电阻,同时串接一节电池,使电流通过被测电阻,根据电流的大小,就可测量出电阻值. 改变分流电阻的阻值,就能改变电阻的量程.

(2) 万用表的使用

万用表(以 105 型为例)的表盘如图 3-17 所示. 通过转换开关的旋钮来改变测量项目和测量量程. 机械调零旋钮用来保持指针在静止时处在左零位. "Ω"调零旋钮用来测量电阻时使指针对准右零位,以保证测量数值准确.

万用表的测量范围如下:
- 直流电压:分5挡,0~6V、0~30V、0~150V、0~300V、0~600V.
- 交流电压:分5挡,0~6V、0~30V、0~150V、0~300V、0~600V.
- 直流电流:分3挡,0~3mA、0~30mA、0~300mA.

- 电阻:分5挡,$R\times1$、$R\times10$、$R\times100$、$R\times1k$、$R\times10k$.

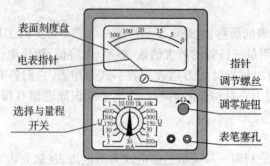

图 3-17 万用表表盘

① 测量电阻. 先将表棒搭在一起短路,使指针向右偏转,随即调整"Ω"调零旋钮,使指针恰好指到 0. 然后将两根表棒分别接触被测电阻(或电路)两端,读出指针在欧姆刻度线(第一条线)上的读数,再乘以该挡标的数字,就是所测电阻的阻值. 例如,用 $R\times100$ 挡测量电阻,指针指在 80,则所测得的电阻值为 $80\times100k\Omega=8k\Omega$,如图 3-18 所示. 由于"Ω"刻度线左部读数较密,难于看准,所以测量时应选择适当的欧姆挡,使测量时指针偏转在刻度线的中部或右部,这样读数比较准确. 每次换挡,都应重新将两根表棒短接,重新调整指针到零位,才能测准.

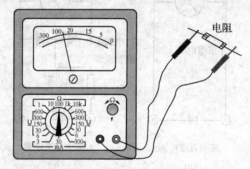

图 3-18 电阻的测量

② 测量直流电压. 首先估计一下被测电压的大小,然后将转换开关拨至适当的直流电压量程,将正表棒接被测电压"+"端,负表棒接被测电压"-"端. 然后根据该挡量程数字与标有直流符号"DC"刻度线(第二条线)上的指针所指数字,来读出被测电压的大小. 如用 $V0\sim300V$ 挡测量,可以直接读 $0\sim300$ 的指示数值. 如用 $V0\sim30V$ 挡测量,只须将刻度线上 300 这个数字去掉一个"0",看成是 30,再依次把 200、100 等数字看成是 20、10,即可直接读出指针指示数值. 例如,用 $V0\sim6V$ 挡测量直流电压,则所测得电压为 1.5V,如图 3-19 所示.

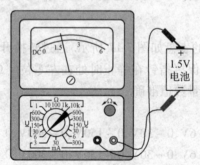

图 3-19 直流电压测量

③ 测量直流电流. 先估计一下被测电流的大小, 然后将转换开关拨至合适的直流电流量程, 再把万用表串接在电路中, 如图 3-20 所示. 同时观察标有直流符号"DC"的刻度线, 如电流量程选在 0～3mA 挡, 这时, 应把表面刻度线上 300 的数字, 去掉两个"0", 看成 3, 又依次把 200、100 看成是 2、1, 这样就可以读出被测电流数值. 例如, 用直流 3mA 挡测量直流电流, 指针在 100, 则电流为 1mA.

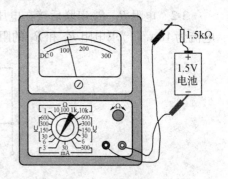

图 3-20　直流电流测量

④ 测量交流电压. 测交流电压的方法与测量直流电压相似, 所不同的是因交流电没有正、负之分, 所以测量交流时, 表棒也就不需区分正、负. 读数方法与上述的测量直流电压的读数方法一样, 只是读数时应看标有交流符号"AC"刻度线上的指针位置.

（3）使用万用表的注意事项

万用表是比较精密的仪器, 如果使用不当, 不仅造成测量不准确且极易损坏. 但是, 只要我们掌握万用表的使用方法和注意事项, 谨慎从事, 那么万用表就能经久耐用. 使用万用表时应注意如下事项：

① 测量电流与电压时不能旋错挡位. 如果误用电阻挡或电流挡去测电压, 就极易烧坏电表. 万用表不用时, 最好将挡位旋至交流电压最高挡, 避免因使用不当而损坏.

② 测量直流电压和直流电流时要注意"＋"、"－"极性, 不要接错. 如发现指针反转, 就应立即调换表棒, 以免损坏指针及表头.

③ 如果不知道被测电压或电流的大小, 应先用最高挡, 而后再选用合适的挡位来测试, 以免表针偏转过度而损坏表头. 所选用的挡位愈靠近被测值, 测量的数值就愈准确.

④ 测量电阻时, 不要用手触及元件裸露的两端(或两支表棒的金属部分), 以免人体电阻与被测电阻并联, 使测量结果不准确.

⑤ 测量电阻时, 如将两支表棒短接, 调零旋钮旋至最大, 指针仍然达不到 0 点, 这通常是由于表内电池电压不足造成的, 应换上新电池, 重新调零方能准确测量.

⑥ 万用表不用时, 不要旋在电阻挡, 因为表内有电池, 如不小心易使两根表棒相碰短路, 不仅耗费电池的电能, 严重时甚至会损坏表头.

八、优化训练

3-1　求图 3-21 所示电路的等效电阻 R_{ab}（图中各电阻的单位均为 Ω）.

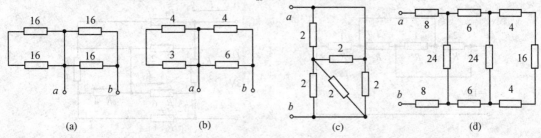

图 3-21　题 3-1 图

3-2 电阻 R_1、R_2 串联后接在电压为36V 的电源上,电流为4A;并联后接在同一电源上,电流为18A.(1)求电阻 R_1 和 R_2 的阻值.(2)并联时,每个电阻吸收的功率为串联时的几倍?

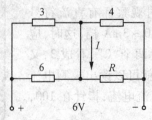

图3-22 题3-3图

3-3 电路如图 3-22 所示.试求:(1)$R=0$ 时的电流 I.(2)$I=0$ 时的电阻 R.(3)$R=\infty$ 时的电流 I(图中各电阻的单位均为 Ω).

3-4 如图 3-23(a)所示,有一滑动电阻器作为分压器使用,其电阻 $R=500\Omega$,额定电流为 1.8A,已知外加电压 $U_1=220V$,$R_1=100\Omega$.(1)求输出电压 U_2.(2)用内阻为 $5k\Omega$ 的电压表去测量输出电压[图 3-23(b)],求电压表读数.(3)若误将内阻为 0.1Ω、量程为 2A 的电流表当做电压表去测量输出电压[图 3-23(c)],将会产生什么后果?

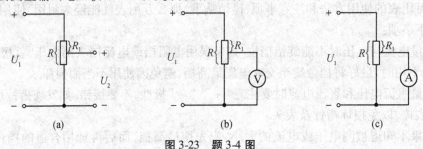

图3-23 题3-4图

3-5 求图 3-24 所示电路中的等效电阻 R_{ab}(图中各电阻的单位均为 Ω).

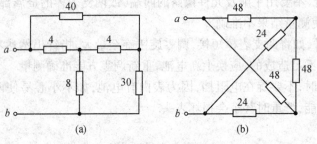

图3-24 题3-5图

3-6 在图 3-25 所示的电路中,标出各电阻和各连接线中电流的数值和方向(图中各电阻的单位均为 Ω).

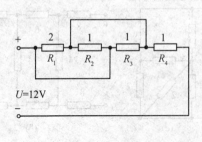

图3-25 题3-6图

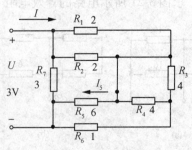

图3-26 题3-7图

3-7 计算图 3-26 所示电阻电路的等效电阻 R,并求电流 I 和 I_5(图中各电阻的单位均为 Ω).

3-8 三级分压电路(也叫衰减器)如图 3-27 所示,$R_1 = R_2 = R_3 = R_6 = 50\Omega$,$R_4 = R_5 = 100\Omega$,输入电压 $U_i = 10V$,试求:

(1) 电流 I_1、I_2、I_3 的值.

(2) 三个输出电压 U_{10}、U_{20}、U_{30}(输出端开路,未接负载电阻).

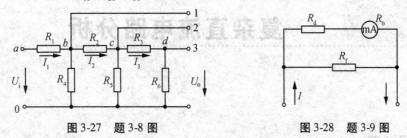

图 3-27　题 3-8 图　　　　图 3-28　题 3-9 图

3-9 某万用表的表头满刻度电流 $I_b = 1mA$,内阻 $R_b = 65\Omega$. 某测电流挡的电路如图 3-28 所示,$R_d = 925\Omega$,分流电阻 $R_f = 10\Omega$. 求这一挡的电流量程(即表头指满刻度时图中 I 的数值).

3-10 某万用表的直流电压分挡如图 3-29 所示,试计算各个倍压电阻 R_1、R_2 和 R_3 的阻值.

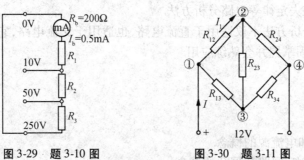

图 3-29　题 3-10 图　　　　图 3-30　题 3-11 图

3-11 试用电阻 Y-△变换方法,计算如图 3-30 所示电路中的电流 I_1. 已知:$R_{12} = 4\Omega$,$R_{34} = 4\Omega$,$R_{13} = 5\Omega$,$R_{24} = 8\Omega$,$R_{23} = 4\Omega$,$U_S = 12V$.

课题四 复杂直流电路分析

一、学习指南

在实际电路中,电路的结构形式很多.而前面课题中的各种电路都是比较简单的直流电路,只要运用欧姆定律和电阻联接形式的变换,就能对它们进行分析和计算.然而,很多电路无法用电阻的串、并联关系进行简化,更不能直接用欧姆定律来求解.对于这类电路分析可用本课题介绍的基尔霍夫定律等电路分析方法.

本课题介绍的分析方法不仅适用于直流电路,也适用于交流电路,它是学习电路分析的最基本方法,必须牢固掌握并会熟练应用.

二、学习目标

- 理解电压源和电流源的概念.
- 理解支路、节点、回路和网孔的概念.
- 掌握基尔霍夫定律的应用,同时能运用支路电流法分析、计算电路.
- 掌握电压源和电流源的特性及其等效变换.
- 熟悉利用节点电压法分析和计算电路.
- 了解应用叠加原理求解线性电路的方法.
- 熟悉利用戴维南定理分析和计算电路.
- 进一步提高复杂直流电路的装接技术和测量技术.
- 进一步提高分析电路的能力.

三、学习重点

基尔霍夫定律、支路电流法和节点电压法.

四、学习难点

戴维南定理分析和计算.

五、学习时数

10 学时.

六、任务书

项目	基尔霍夫定律的验证				时间		2 学时	
工具材料	电阻 510Ω/0.5W 一只、1kΩ/1W 一只、300Ω/0.5W 一只,直流电压表一只,直流电流表三只,直流稳压电源 0～30V、1A 两只,开关两只,导线若干							
操作要求	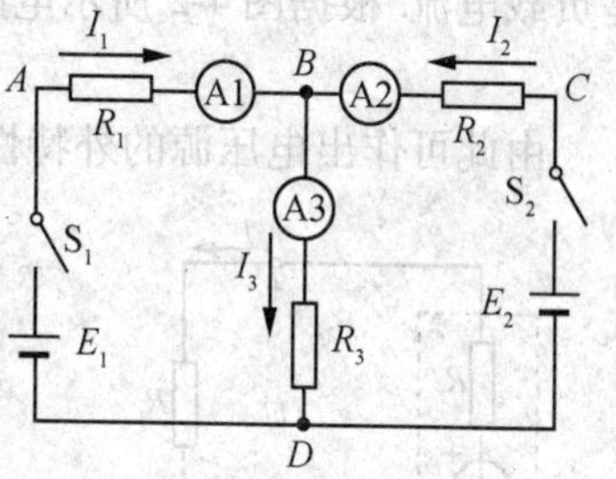 1. 按图 4-1 所示连接电路. 2. 将 E_1 调至 6V,E_2 调至 12V,检查无误后接通电源,并测量各支路电流和各元件两端的电压. 3. 将 E_1 调至 10V,E_2 调至 20V,重做上述实验. 图 4-1 项目 4							
测量记录	电源电压		I_1/mA	I_2/mA	I_3/mA	U_{AB}/V	U_{BC}/V	U_{CD}/V	U_{DA}/V	U_{DB}/V
	E_1=6V E_2=12V	测量值							
		计算值							
	E_1=10V E_2=20V	测量值							
		计算值							
计算与思考	1. 根据实验数据,计算汇于节点 B、节点 D 的电流是否满足基尔霍夫第一定律. 2. 根据实验数据,计算两个网孔各段的电压是否满足基尔霍夫第二定律. 3. 分析电路,计算记录栏中的相关数据,并与实验值进行比较. 4. 试说明应用基尔霍夫定律解题时,支路电流出现负值的含义及原因.							
体会								
注意事项	1. 用电流表测量各支路电流时,或用电压表测量电压降时,应注意仪表的极性,正确判断测得值的 +、-号后,记入数据表格. 2. 所有需要测量的电压值,均以电压表测量的读数为准. E_1、E_2 也需测量,不应取电源本身的显示值. 3. 防止稳压电源两个输出端碰线短路. 4. 用指针式电压表或电流表测量电压或电流时,如果仪表指针反偏,则必须调换仪表极性,重新测量. 此时指针正偏,可读得电压或电流值. 若用数显电压表或电流表测量,则可直接读出电压或电流值. 但应注意:所读得的电压或电流值的正、负号应根据设定的电流参考方向来判断.							

七、知识链接

1. 电压源和电流源

电源是一种能向电路提供电能的电路元件,实际电源可以用两种不同的电路模型来表示:一种是以电压的形式向电路供电,称为电压源模型;另一种是以电流的形式向电路供电,称为电流源模型.

(1) 电压源

常用的电池、发电机和各种信号源都可近似看做电压源,它们由理想电压源 U_S 和内阻 R_S 串联组成,电压源表示为图 4-2 中虚线框内的电路. 图中 U 是电源端电压,R_L 是负载电阻,I 是负载电流. 根据图 4-2 所示电路,可得出

$$U = U_S - R_S I \tag{4-1}$$

由此可作出电压源的外特性曲线,如图 4-3 所示.

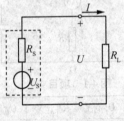 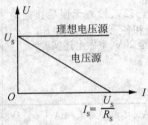 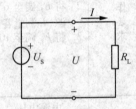

图 4-2　电压源　　　　图 4-3　电压源外特性曲线　　　　图 4-4　理想电压源

当电压源开路时,$I = 0$,$U = U_S$;短路时,$U = 0$,$I = I_S = \dfrac{U_S}{R_S}$,内阻 R_S 愈小,则直线愈平坦.

当 $R_S = 0$ 时,端电压 U 恒等于 U_S,是一定值,而其中的电流 I 则是任意的,是由外电路(负载电阻 R_L)和 U_S 共同决定的. 这样的电源称为理想电压源或恒压源,其符号及电路如图 4-4 所示. 它的外特性曲线将是与横轴平行的一条直线,如图 4-3 所示.

理想电压源是理想的电源. 如果一个电源的内阻远小于负载电阻,即 $R_S \ll R_L$,则内阻压降 $R_S I \ll U_S$,于是 $U \approx U_S$,基本上恒定,可以认为是理想电压源. 通常用的稳压电源也可认为是一个理想电压源.

(2) 电流源

实际电源除用理想电压源 U_S 和内阻 R_S 串联组成的电路模型来表示外,还可以用另一种电路模型来表示. 如将式(4-1)两端除以 R_S,则得

$$\dfrac{U}{R_S} = \dfrac{U_S}{R_S} - I = I_S - I$$

即

$$I_S = \dfrac{U}{R_S} + I \tag{4-2}$$

式中,$I_S = \dfrac{U}{R_S} + I$ 为电源的短路电流;I 还是负载电流;而 $\dfrac{U}{R_S}$ 是引出的另一个电流.

如图 4-5 虚线框内电路所示,这就是用电流来表示的实际电源的电路模型,即电流源,两条支路并联,其中电流分别为 I_S 和 $\dfrac{U}{R_S}$. 对负载电阻 R_L,与图 4-2 是一样的,其上电压 U 和通过

的电流 I 未有改变.

由式(4-2)可作出电流源的外特性曲线,如图4-6所示.

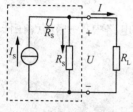
图4-5 电流源图

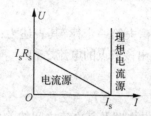
图4-6 电流源的外特性曲线

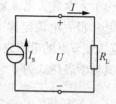
图4-7 理想电流源

当电流源开路时,$I=0$,$U=I_SR_S$;短路时,$U=0$,$I=I_S$. 内阻 R_S 愈大,则直线愈陡.

当 $R_S=\infty$(相当于并联支路 R_S 断开)时,电流 I 恒等于电流 I_S,是一定值,而其两端的电压 U 则是任意的,由负载电阻 R_L 及电流 I_S 本身确定. 这样的电源称为理想电流源或恒流源,如图4-7所示. 它的外特性曲线将是与纵轴平行的一条直线,如图4-6所示.

理想电流源也是理想的电源. 如果一个电源的内阻远大于负载电阻,即 $R_S \gg R_L$ 时,则 $I \approx I_S$,基本上恒定,可以认为是理想电流源.

温馨提示 **实际电源模型**

实际电源模型可以用实际电压源或实际电流源表示. 理想电压源可以看成是内阻等于零($R_S \approx 0$)的实际电压源;理想电流源可以看成是内阻为无穷大($R_S \approx \infty$)的实际电流源.

2. 基尔霍夫定律

在电路分析中,电路的每一个元件既有电压又有电流,每个元件都有自己的电压和电流的约束关系(VCR),如电阻元件的欧姆定律就是它的 VCR,除此之外,电路中的电流和电压之间还分别满足一定的约束关系,这就是基尔霍夫定律. 基尔霍夫定律包含基尔霍夫电流定律和基尔霍夫电压定律,它们所描述的关系仅仅与电路的结构有关,而与电路元件的性质无关. 在学习基尔霍夫定律前,首先介绍有关的几个名词,下面结合图4-8来加以说明.

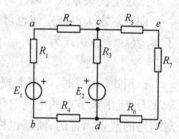
图4-8 复杂电路

① 支路. 电路中没有分支,流过同一电流的一段电路. 电路的支路数用 b 表示. 图4-8 中电路有 $cabd$、cd 和 $cefd$ 三条支路,其中 $cabd$ 和 cd 两条支路内包含电源,叫做有源支路;而 $cefd$ 支路内不包含有电源,叫做无源支路.

② 节点. 电路中三条或三条以上支路的联接点,用 n 表示节点数. 在电路中,如果是用理想导线联接的点可看做是同一节点. 图4-8 中有 c 和 d 两个节点,而 a、b、e 和 f 都不是节点.

③ 回路. 电路中任一闭合的路径. 用 L 表示回路数. 图中有 $acdba$、$cefdc$ 和 $acefdba$ 三个回路.

④ 网孔. 不被任何支路分割的最简单的回路,又称独立回路. 用 m 表示网孔数. 网孔也就是网络中的网眼. 很显然,$m \leqslant L$,图中有 $acdba$、$cefdc$ 两个网孔.

所以,图4-8 中有 $b=3$ 条支路,$n=2$ 个节点,$L=3$ 个回路.

只有一个回路的无分支电路,或者电路虽有分支,但所包含的电阻元件可按串、并联等关系进行等效变换,从而化简为一个回路的都称为简单电路;而不能化简为一个回路的有分支电路称为复杂电路. 上述图4-8电路是复杂电路.

(1) 基尔霍夫电流定律(KCL)

基尔霍夫电流定律又称基尔霍夫第一定律,其表述为:对于电路中任一节点,在任一时刻,流入该节点的电流之和等于流出该节点的电流之和.

其数学表达式为

$$\sum I_{出} = \sum I_{入} \tag{4-3}$$

下面以图4-9为例,来说明复杂电路及其电流之间的关系.

该电路中有a、c、d共三个节点.

对于节点a,有 $\qquad I_1 + I_5 = I_2 + I_4 \tag{4-4}$

对于节点c,有 $\qquad I_4 = I_3 + I_5 \tag{4-5}$

对于节点d,有 $\qquad I_2 + I_3 = I_1 \tag{4-6}$

把以上方程式(4-4)和(4-5)相加,得

$$I_1 + I_5 + I_4 = I_2 + I_4 + I_3 + I_5$$

即有 $\qquad I_1 = I_2 + I_3 \tag{4-7}$

方程式(4-7)与节点d的电流方程式完全相同,这说明在复杂电路中,有n个节点,只有$n-1$个独立的节点电流方程.

基尔霍夫电流定律反映的是电流的连续性,电荷在电路中流动,不会消失,也不会堆积. 因此,在任一时刻,流入节点的电荷等于流出该节点的电荷,也就是流入和流出节点的电流相等.

上述电流关系式可以改写为:$I_1 - I_2 - I_4 + I_5 = 0$.

即基尔霍夫电流定律也可以表述为:在任一时刻,任一节点的所有支路电流的代数和等于零. 其数学表达式为

$$\sum I = 0 \tag{4-8}$$

运用式(4-8)时,习惯上规定流入该节点的电流取正号,流出该节点的电流取负号. 因为该定律是针对电路的节点而言的,所以也称为节点电流定律.

基尔霍夫电流定律不但适用于电路的节点,而且还可推广到电路中的任一闭合面. 如图4-9所示的虚线闭合面之外有三条支路电流I_3、I_4、I_5通过,显然,根据电流连续性,它们满足下式:

$$\sum I = 0$$

即 $\qquad I_3 - I_4 + I_5 = 0$

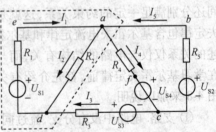

图4-9 复杂电路及其电流关系

【例4-1】 如图4-10所示,试求电路中的I_2、I_3、U_4.

解 根据广义节点电流定律,对虚线框内电路,有

$$I_2 = I_5 + I_6 = (-5 + 10)\text{A} = 5\text{A}$$

对节点a,有 $I_3 = I_2 - I_1 = (5-6)\text{A} = -1\text{A}$

$$U_4 = I_1 \times 2\Omega - I_3 \times 4\Omega = 6 \times 2\text{V} - (-1) \times 4\text{V} = 16\text{V}$$

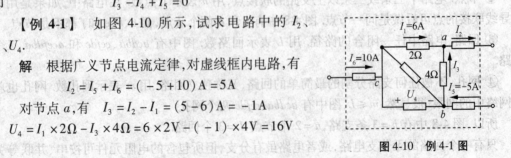

图4-10 例4-1图

> **小知识**

基尔霍夫简介

基尔霍夫（Gustav Robert Kirchhoff，1824—1887），德国物理学家. 1824 年 3 月 12 日生于柯尼斯堡；1847 年毕业于柯尼斯堡大学；1848 年起在柏林大学任教；1850～1854 年在布累斯劳大学任临时教授；1854～1875 年任海德堡大学教授；1874 年起为柏林科学院院士；1875 年重回柏林大学任理论物理学教授，直到 1887 年 10 月 17 日在柏林逝世.

(2) 基尔霍夫电压定律(KVL)

基尔霍夫电压定律又称基尔霍夫第二定律，其表述为：对于电路中任一回路，在任一瞬间，该回路的各段（或各元件）电压的代数和为零. 因为该定律是针对电路的回路而言的，所以也称回路电压定律. 其数学式为

$$\sum U = 0 \tag{4-9}$$

基尔霍夫电压定律反映的是电位单值性，根据电场的性质，两点间的电位差与路径无关，作为零电位点的参考点选定之后，电路中各点的电位都有固定的数值，与到达该点的路径无关，因此在电路中沿任一回路绕行一周，电位不变，也就是沿任一回路的电位降即电压的代数和等于零，如图 4-11 所示.

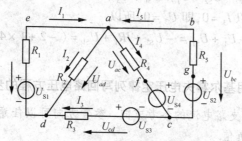

图 4-11 复杂电路及其电压关系

以回路 $acda$ 为例：

$$U_{ac} + U_{cd} - U_{ad} = (V_a - V_c) + (V_c - V_d) - (V_a - V_d) = 0$$

在建立方程时，首先要选定回路的绕行方向，当回路中电压的参考方向与回路的绕行方向相同时，电压前取正号；当电压的参考方向与回路的绕行方向相反时，电压前取负号.

在电源是用电压源表示的电路中，基尔霍夫电压定律还可以表示为

$$\sum U_S = \sum (IR)$$

它的含义是：在电路中沿任一回路绕行一周，电压源电压 U_S 的代数和等于电阻电压降的代数和. 仍以 $acda$ 为例，基尔霍夫电压定律表达式为

$$U_{S3} - U_{S4} = -R_2I_2 + R_3I_3 + R_4I_4$$

式中，当 $U_S(+\to-)$ 方向与回路绕行方向一致时取负号，反之取正号；当电流的参考方向与回路绕行方向一致时，所产生的电阻电压降取正号，反之取负号.

【例 4-2】 有一闭合回路如图 4-12 所示，已知 $U_1 = 15V$，$U_2 = -4V$，$U_3 = 8V$，试求电压 U_4 和 U_{AC}.

解 沿 $ABCDA$ 回路，根据各电压的参考方向，应用基尔霍夫电压定律，可列出

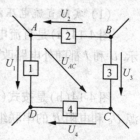

图 4-12 例 4-2 图

即
$$\sum U = -U_2 + U_3 + U_4 - U_1 = 0$$
$$U_4 = U_1 + U_2 - U_3$$

代入数据,得
$$U_4 = [15 + (-4) - 8]V = 3V$$

利用两点间电压的求取方法,可列出
$$U_{AC} = -U_2 + U_3 \text{(或 } U_{AC} = U_1 - U_4\text{)}$$

所以
$$U_{AC} = -U_2 + U_3 = [-(-4) + 8]V = 12V$$

【例 4-3】 如图 4-13 所示,已知 $U = 10V$, $U_{S1} = 4V$, $U_{S2} = 2V$, $R_1 = 4\Omega$, $R_2 = 2\Omega$, $R_3 = 5\Omega$, 1、2 两点间处于开路状态,试计算开路电压 U_o.

解 假设电流和电压的参考方向如图所示,对左边回路应用基尔霍夫电压定律,可列出
$$U - U_{S1} - U_1 - U_2 = 0$$
即
$$U - U_{S1} - IR_1 - IR_2 = 0$$
可求得 $I = 1A$.

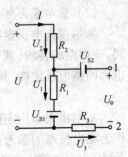

图 4-13 例 4-3 图

对右边电路,利用两点间电压的求取方法,可列出
$$U_o = -U_{S2} + U_1 + U_{S1} + U_3$$

由于 1、2 点开路,所以 $I_3 = 0$,即 $U_3 = 0$,所以
$$U_o = -U_{S2} + U_1 + U_{S1} = -U_{S2} + IR_1 + U_{S1} = (-2 + 1 \times 4 + 4)V = 6V$$

温馨提示 利用基尔霍夫电压定律列写回路电压方程的步骤

(1) 在电路中标出各支路电流的参考方向. 参考方向可以任意假定,如果和实际电流方向相反,求得的电流将为负值.

(2) 任意选定回路的绕行方向(顺时针或逆时针).

(3) 在使用 $\sum U_S = \sum (IR)$ 时,当 U_S 方向与绕行方向一致时,在方程中取负号,反之则取正号;当电阻上的电流或电压参考方向与绕行方向一致时,在方程中取正号,反之则取负号.

(4) 若计算结果(电压或电流)是正值,说明其实际方向与所选参考方向相同;若计算结果(电压或电流)是负值,说明其实际方向与所选参考方向相反.

3. 两种实际电源模型的等效变换

一个实际的直流电源在给电阻负载供电时,其端电压随负载电流的增大而下降. 在一定范围内端电压、电流的关系近似于直线,这是由于实际直流电源内阻引起的内阻压降造成的.

(1) 实际直流电压源

图 4-14(a)是直流电压源和电阻串联的组合,其端电压 U 和电流 I 的参考方向如图中所示. U 和 I 都随外电路改变而变化,其外特性方程为
$$U = U_S - RI \tag{4-10}$$

图 4-14(b)是按式(4-10)画出的伏安特性曲线,它是一条直线. 只要适当选择 R 值,电压源 U_S 和电阻 R 的串联组合就可作为实际直流电源的电路模型.

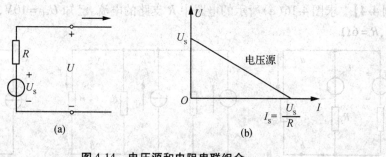

图 4-14 电压源和电阻串联组合

（2）实际直流电流源

图 4-15（a）是电流源和电导的并联组合，其端电压和电流的参考方向如图中所示，其外特性方程为

$$I = I_S - GU \qquad (4-11)$$

图 4-15（b）是按式（4-11）画出的伏安特性曲线，它也是一条直线. 只要适当选择 G 值，电流源和电导并联的组合也可以作为实际直流电源的电路模型.

（3）两种实际电源模型的等效变换

比较式（4-10）和式（4-11），只要满足

$$\begin{cases} G = \dfrac{1}{R} \\ I_S = GU_S \end{cases} \qquad (4-12)$$

则式（4-10）和式（4-11）所表示的方程完全相同，它们在 $I\text{-}U$ 平面上将表示同一直线，所以图 4-14（a）和图 4-15（a）所示电路对外完全等效. 在这里要注意 U_S 和 I_S 参考方向的相互关系：I_S 的参考方向由 U_S 的负极指向其正极. 所以在满足式（4-12）的条件下，电压源、电阻的串联组合与电流源、电导的并联组合之间可互相等效变换，这使得某些电路问题的解决更加灵活方便.

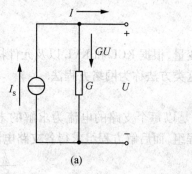
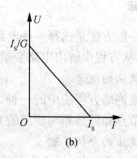

图 4-15 电流源和电导并联组合

一般情况下，这两种等效模型内部的功率情况并不相同，但是对外部来说，它们吸收或供给的功率总是一样的.

想一想　这样的情况能否变换？

没有串联电阻的电压源和没有并联电阻的电流源之间能否进行等效变换？为什么？

【例 4-4】 求图 4-16(a)所示的电路中 R 支路的电流. 已知 $U_{S1}=10V, U_{S2}=6V, R_1=1\Omega, R_2=3\Omega, R=6\Omega$.

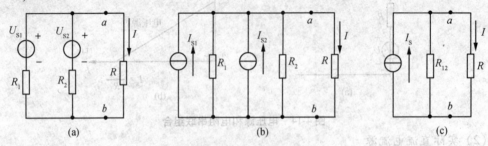

图 4-16 例 4-4 图

解 先把每个电压源电阻串联支路变换为电流源电阻并联支路. 网络变换如图 4-16(b)所示,其中

$$I_{S1}=\frac{U_{S1}}{R_1}=\frac{10}{1}A=10A, \quad I_{S2}=\frac{U_{S2}}{R_2}=\frac{6}{3}A=2A$$

图 4-16(b)中两个并联电流源可以用一个电流源代替,

$$I_S=I_{S1}+I_{S2}=(10+2)A=12A$$

并联 R_1、R_2 的等效电阻为

$$R_{12}=\frac{R_1 R_2}{R_1+R_2}=\frac{1\times 3}{1+3}\Omega=\frac{3}{4}\Omega$$

网络简化如图 4-16(c)所示.

对于图 4-16(c)中的电路,可按分流关系求得 R 的电流 I 为

$$I=\frac{R_{12}}{R_{12}+R}\times I_S=\frac{\frac{3}{4}}{\frac{3}{4}+6}\times 12A=\frac{4}{3}A$$

4. 支路电流法

分析电路的一般方法是选择一些电路变量,根据 KCL 和 KVL 以及元件特性方程,列出含电路变量的方程,从方程中解出电路变量,这类方法称为网络方程法.

(1) 支路电流法的概念

支路电流法是网络方程法中的一种,它是以每个支路的电流为求解的未知量. 应用基尔霍夫定律分别对节点和回路列写所需的方程组,而后解方程组求得各支路电流.

(2) 支路电流法的分析步骤

设电路有 b 条支路,则有 b 个未知电流可选为变量. 因而支路电流法须列出 b 个独立方程,然后解出未知的支路电流.

以图 4-17 所示的电路为例来说明支路电流法的应用.

在电路中支路数 $b=3$,节点数 $n=2$,以支路电流 I_1、I_2、I_3 为变量,共要列出三个独立方程. 列方程前指定各支路电流的参考方向如图中所示.

① 根据电流的参考方向,对节点 a 列写 KCL 方程:

$$-I_1-I_2+I_3=0$$

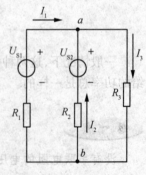

图 4-17 支路电流法

对节点 b 列写 KCL 方程：
$$I_1 + I_2 - I_3 = 0$$

对于这两个方程，只有一个是独立的。这一结果可以推广到一般电路：节点数为 n 的电路中，按 KCL 列写出的节点电流方程只有 $n-1$ 个是独立的，并将 $n-1$ 个节点称为一组独立节点。这是因为每个支路连到两个节点，每个支路电流在 n 个节点电流方程中各出现两次；又因为同一支路电流对这个支路所连的一个节点取正号，对所连的另一个节点必定取负号，所以 n 个节点电流方程相加所得必定是个 "$0=0$" 的恒等式。至于哪个节点不独立，则是任选的。

② 选择回路，应用 KVL 列出其余 $b-(n-1)$ 个方程。每次列出的 KVL 方程与已经列写过的 KVL 方程必须是互相独立的。通常，可取网孔来列 KVL 方程。图 4-17 中有两个网孔，按顺时针方向绕行，对左面的网孔，列写 KVL 方程：
$$R_1 I_1 - R_2 I_2 = U_{S1} - U_{S2}$$

按顺时针方向绕行，对右面的网孔，列写 KVL 方程：
$$R_2 I_2 + R_3 I_3 = U_{S2}$$

网孔的数目恰好等于 $b-(n-1) = 3-(2-1) = 2$。因为每个网孔都包含一条互不相同的支路，所以每个网孔都是一个独立回路，可以列出一独立的 KVL 方程。

应用 KCL 和 KVL 一共可列出 $(n-1) + [b-(n-1)] = b$ 个独立方程，它们都是以支路电流为变量的方程，因而可以解出 b 个支路电流。

温馨提示　利用支路电流法分析计算电路的一般步骤

(1) 在电路图中选定各支路电流的参考方向，设定出各支路电流。
(2) 对独立节点列出 $n-1$ 个 KCL 方程。
(3) 通常取网孔列出 KVL 方程，设定各网孔绕行方向，列出 $b-(n-1)$ 个 KVL 方程。
(4) 联立求解上述 b 个独立方程，便得出待求的各支路电流。

用支路电流法时，可把电流源与电阻并联组合变换为电压源与电阻串联组合，以简化计算。

【例 4-5】 图 4-17 所示电路中，$U_{S1} = 130\text{V}$、$R_1 = 1\Omega$ 为直流发电机的模型，电阻负载 $R_3 = 24\Omega$，$U_{S2} = 117\text{V}$、$R_2 = 0.6\Omega$ 为蓄电池组的模型。试求各支路电流和各元件的功率。

解　以支路电流为变量，应用 KCL、KVL 列出如下方程，并将已知数据代入，即得
$$\begin{cases} -I_1 - I_2 + I_3 = 0 \\ I_1 - 0.6 I_2 = 130 - 117 \\ 0.6 I_2 + 24 I_3 = 117 \end{cases}$$

解得 $I_1 = 10\text{A}, I_2 = -5\text{A}, I_3 = 5\text{A}$.

I_2 为负，表明它的实际方向与所选参考方向相反，这个电池组在充电时是负载。

U_{S1} 发出的功率为
$$U_{S1} I_1 = 130 \times 10 \text{W} = 1\,300\text{W}$$

U_{S2} 发出的功率为
$$U_{S2} I_2 = 117 \times (-5) \text{W} = -585\text{W}$$

即 U_{S2} 接收功率为 585W。各电阻接收的功率为
$$P_1 = I_1^2 R_1 = 10^2 \times 1 \text{W} = 100\text{W}$$

$$P_2 = I_2^2 R_2 = (-5)^2 \times 0.6 \text{W} = 15\text{W}$$
$$P_3 = I_3^2 R_3 = 5^2 \times 24\text{W} = 600\text{W}$$

$1\,300\text{W} = 585\text{W} + 100\text{W} + 15\text{W} + 600\text{W}$，功率平衡，表明计算结果正确．

5．节点电压法

支路电流法解题时同时利用了 KCL 定律和 KVL 定律，考虑如果在引入变量的时候，使引入的变量先满足 KVL 定律，那就只需要列出关于变量的 KCL 方程就行了．而节点电压法的思路类似于此．

(1) 节点电压法的概念

任意选定电路中某一节点作为参考节点，其他节点与此参考节点之间的电压称为节点电压．节点电压的参考极性均以参考节点处为负．

以 $(n-1)$ 个节点电压为未知量，运用 KCL 定律列出 $(n-1)$ 个电流方程，联立解出节点电压，进而求得其他未知电压和电流的分析方法称为节点电压法，简称节点法．

(2) 节点电压法的分析步骤

如图 4-18 所示电路中有三个节点，以节点 0 为参考节点，节点 1、2 的节点电压分别记为 U_{10}、U_{20}，各支路电流参考方向如图所示，应用 KCL 定律，写出电流方程如下：

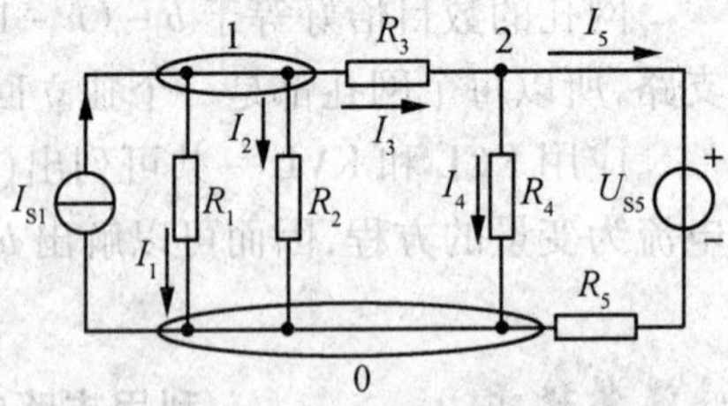

节点 1 $I_1 + I_2 + I_3 = I_{S1}$

节点 2 $I_3 = I_4 + I_5$

图 4-18　节点电压法

利用欧姆定律和基尔霍夫电压定律求出各支路电流：

$$U_{10} = I_1 R_1 \Rightarrow I_1 = \frac{U_{10}}{R_1} = G_1 U_{10}$$

$$U_{10} = I_2 R_2 \Rightarrow I_2 = \frac{U_{10}}{R_2} = G_2 U_{10}$$

$$U_{12} = U_{10} - U_{20} = I_3 R_3 \Rightarrow I_3 = \frac{U_{10} - U_{20}}{R_3} = G_3 (U_{10} - U_{20})$$

$$U_{20} = I_4 R_4 \Rightarrow I_4 = \frac{U_{20}}{R_4} = G_4 U_{20}$$

$$U_{20} = I_5 R_5 + U_{S5} \Rightarrow I_5 = \frac{U_{20} - U_{S5}}{R_5} = G_5 (U_{20} - U_{S5})$$

可以看到，在已知电压源电压和电阻的情况下，只要先求出节点电压 U_{10} 和 U_{20}，就可以计算各支路的电流．将上面求得的支路电流代入 KCL 方程，整理后得

$$(G_1 + G_2 + G_3) U_{10} - G_3 U_{20} = I_{S1}$$
$$-G_3 U_{10} + (G_3 + G_4 + G_5) U_{20} = G_5 U_{S5}$$

(4-13)

令 $G_{11} = G_1 + G_2 + G_3$，称 G_{11} 为节点 1 的自电导；令 $G_{22} = G_3 + G_4 + G_5$，称 G_{22} 为节点 2 的自电导，G_{11}、G_{22} 分别为直接和节点 1、2 相连的全部支路电导之和，简称自导；用 G_{12}、G_{21} 表示节点 1、2 之间的互电导，它们等于同时和节点 1、2 相连的所有支路电导之和，简称互导．上例中 $G_{12} = G_{21} = -G_3$．我们规定，当节点电压的参考方向指向参考节点时，各节点的自导总是正的，互导总是负的．用 I_{S11}、I_{S22} 分别表示电流源流进节点 1、2 的电流的代数和，当电流源的电流流

入该节点时,该电流取正值,否则取负值.如果是电压源和电阻的串联组合,可以等效为电流源和电阻的并联组合,同前考虑.本例中,$I_{S11}=I_{S1}$,$I_{S22}=G_5U_{S5}$.这样,式(4-13)可以写成一般形式:

$$G_{11}U_{10}+G_{12}U_{20}=I_{S11}$$
$$G_{21}U_{10}+G_{22}U_{20}=I_{S22}$$
(4-14)

这就是节点电压方程的一般形式(适用于不超过三个节点的电路).

温馨提示 节点电压法分析计算电路的一般步骤

(1)指定参考节点,一般选电路的接地点或汇集支路多的节点.其他各点和该点之间的电压就是节点电压,节点电压均以参考节点为负极.

(2)列出节点电压方程.注意自导总是正的,互导总是负的.并要注意各节点电流的正、负号.

(3)求解方程,得到节点电压.如果要求其他量,可利用求出的节点电压来求解.

【例4-6】 在图4-18电路中,$I_{S1}=9A$,$R_1=5\Omega$,$R_2=20\Omega$,$R_3=2\Omega$,$R_4=42\Omega$,$R_5=3\Omega$,$U_{S5}=48V$,试求各支路电流.

解 (1)选节点0为参考节点,其余两个节点的电压分别是U_{10}、U_{20}.

(2)列出该电路的节点电压方程:

$$\begin{cases}\left(\dfrac{1}{R_1}+\dfrac{1}{R_2}+\dfrac{1}{R_3}\right)U_{10}-\dfrac{1}{R_3}U_{20}=I_{S1}\\ -\dfrac{1}{R_3}U_{10}+\left(\dfrac{1}{R_3}+\dfrac{1}{R_4}+\dfrac{1}{R_5}\right)U_{20}=\dfrac{1}{R_5}U_{S5}\end{cases}$$

(3)代入数据,解方程组,得

$$U_{10}=40V, U_{20}=42V$$

各支路电流为

$$I_1=\frac{U_{10}}{R_1}=\frac{40}{5}A=8A$$

$$I_2=\frac{U_{10}}{R_2}=\frac{40}{20}A=2A$$

$$I_3=\frac{U_{10}-U_{20}}{R_3}=\frac{40-42}{2}A=-1A$$

$$I_4=\frac{U_{20}}{R_4}=\frac{42}{42}A=1A$$

$$I_5=\frac{U_{20}-U_{S5}}{R_5}=\frac{42-48}{3}A=-2A$$

有时,电路中会出现只含有电压源而不和任何电阻串联的支路,由于无法确定该支路的电流值,所以我们考虑再引进变量.在引进变量的同时,必须增加约束关系,即在引进变量的同时增加方程,保证变量数和方程数一致.此时可按照下面例题介绍的方法来处理.

【例4-7】 电路如图4-19所示,已知U_{S1}和I_S,G_1、G_2、G_3为三个电阻元件的电导,求节点电压U_{10}、U_{20}.

解 该电路 U_{S1} 所在支路没有电阻,无法确定该支路提供给节点1的电流,所以设电压源 U_{S1} 的电流为 I,参考方向如图所示,电路的节点电压方程为

$$(G_1+G_2)U_{10}-G_2U_{20}=-I_S+I$$
$$-G_2U_{10}+(G_2+G_3)U_{20}=I_S$$

此时出现了三个变量,单靠二个方程无法解决,需再增加1个约束关系:

$$U_{10}=U_{S1}$$

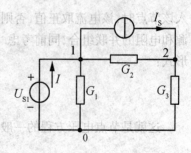

图 4-19 例 4-7 图

通过上面三个方程,联立求解可得节点电压和支路电流.

对于这样的电路,较简单的方法是选取和该电压源相连的两个节点中的一个作为参考节点,如图 4-19 中的 0 点,那么另一节点的节点电压方程就是已知的 $(U_{10}=U_{S1})$。

前面我们讲的都是独立电源,简称独立源.独立电压源的电压和独立电流源的电流都是定值或是确定的时间函数.

电路中除了有独立电源外,还往往含有受控电源.受控电压源的电压和受控电流源的电流不是独立的,而是受电路中某支路的电压或电流控制的,所以也称为非独立电源.

当电路中含有受控电源的时候,我们应该将受控电源的控制量用节点电压表示,并暂时将受控电源当做独立电源看待.

【例 4-8】 用节点电压法求图 4-20 中的电流 I.

解 电路中含有受控电源,先看做独立电源,以 0 为参考点,则节点电压为 U_{10}、U_{20},列出节点电压方程:

节点1 $\left(\dfrac{1}{2}+\dfrac{1}{4}\right)U_{10}-\dfrac{1}{2}U_{20}=2-3U$

节点2 $-\dfrac{1}{2}U_{10}+\left(\dfrac{1}{2}+1\right)U_{20}=3U$

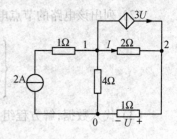

图 4-20 例 4-8 图

把控制量 U 与节点电压的关系作为约束关系列出:

$$U=U_{20}$$

联立方程求解,得

$$U_{10}=-24\text{V},\quad U_{20}=8\text{V}$$

所求支路电流为

$$I=\dfrac{U_{10}-U_{20}}{2}\text{A}=-16\text{A}$$

值得注意的是,节点1的电导是 $\left(\dfrac{1}{4}+\dfrac{1}{2}\right)$S,而不是 $\left(\dfrac{1}{4}+\dfrac{1}{2}+1\right)$S. 也就是说,与电流源串联的电导不应该写入方程,而应该看做短路. 这是由于节点电压法分析的实质是用电流,不过利用的是节点电压作为变量而已,和电流源串联的电阻不会影响电流源支路的电流,也不会影响节点电压. 但用支路电流法列方程时,必须写入方程中.

6. 叠加定理

(1) 基本概念

① 二端网络:任何具有两个出线端的部分电路都称为二端网络. 它分为有源二端网络[即网络中有电源存在,如图 4-21(a)所示,它总是可以用一个等效电源来替代]和无源二端

网络[即网络中没有电源存在,如图 4-21(b)所示,它总是可以用一个等效电阻来替代].

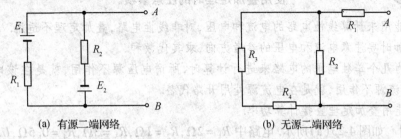

图 4-21 二端网络

② 线性电路:参数不随外加电压及通过其中的电流而变化,即电压和电流成正比的电路.

(2) 叠加定理

在线性电路中,当有两个或两个以上独立电源作用时,则任意支路的电流或电压都可以认为是电路中各个电源单独作用而其他电源不作用时,在该支路中产生的各电流分量或电压分量的代数和. 如图 4-22 所示,在图中:

① 当电压源单独作用时,电流源不作用,就在该电流源处用开路代替. 如图 4-22(b)所示,在电压源 U_S 单独作用下,电流源的作用为零,零电流源相当于无限大电阻即开路. 在 U_S 单独作用下,R_2 支路的电流为

$$I' = \frac{U_S}{R_1 + R_2}$$

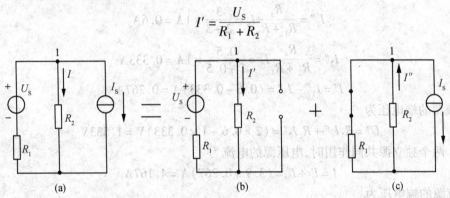

图 4-22 叠加定理

② 当电流源单独作用时,电压源不作用,在该电压源处用短路代替. 如图 4-22(c)所示,在电流源 I_S 单独作用时,电压源作用为零,零电压源相当于零电阻即短路. 在 I_S 单独作用下,R_2 支路的电流为

$$I'' = \frac{R_1}{R_1 + R_2} I_S$$

求所有独立电源单独作用下 R_2 支路电流的代数和,得

$$I' - I'' = \frac{U_S}{R_1 + R_2} - \frac{R_1}{R_1 + R_2} I_S = I$$

对 I' 取正号,是因为它的参考方向与 I 的参考方向一致;对 I'' 取负号,是因为它的参考方向与 I 的参考方向相反.

> **温馨提示**　使用叠加定理时的注意事项
>
> （1）只能用来计算线性电路的电流和电压,对非线性电路,叠加定理不适用.
> （2）叠加时要注意电流和电压的参考方向,求其代数和.
> （3）化为几个单独电源的电路来进行计算时,所谓电压源不作用,就是在该电压源处用短路代替；电流源不作用,就是在电流源处用开路代替.
> （4）不能用叠加定理直接计算功率.

【例4-9】　如图4-23（a）所示. 电路中 $R_1=2\Omega$, $R_2=1\Omega$, $R_3=3\Omega$, $R_4=0.5\Omega$, $U_S=4.5V$, $I_S=1A$. 试用叠加定理求电压源的电流 I 和电流源的端电压 U.

解　（1）当电压源单独作用时,电流源开路,如图4-23（b）所示,各支路电流分别为

$$I_1' = I_3' = \frac{U_S}{R_1+R_3} = \frac{4.5}{2+3}A = 0.9A$$

$$I_2' = I_4' = \frac{U_S}{R_2+R_4} = \frac{4.5}{1+0.5}A = 3A$$

$$I' = I_1' + I_2' = (0.9+3)A = 3.9A$$

电流源支路的端电压为

$$U' = R_4I_4' - R_3I_3' = (0.5\times3 - 3\times0.9)V = -1.2V$$

（2）当电流源单独作用时,电压源短路,如图4-23（c）所示,各支路电流分别为

$$I_1'' = \frac{R_3}{R_1+R_3}I_S = \frac{3}{2+3}\times1A = 0.6A$$

$$I_2'' = \frac{R_4}{R_2+R_4}I_S = \frac{0.5}{1+0.5}\times1A = 0.333A$$

$$I'' = I_1'' - I_2'' = (0.6-0.333)A = 0.267A$$

电流源的端电压为

$$U'' = R_1I_1'' + R_2I_2'' = (2\times0.6 + 1\times0.333)V = 1.533V$$

（3）两个独立源共同作用时,电压源的电流为

$$I = I' + I'' = (3.9+0.267)A = 4.167A$$

电流源的端电压为

$$U = U' + U'' = (-1.2+1.533)V = 0.333V$$

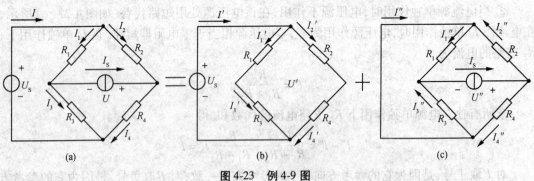

图4-23　例4-9图

7. 戴维南定理

戴维南定理是阐明线性有源二端网络外部性能的一个重要定理. 若只需分析计算某一支

路的电流或电压,则应用戴维南定理具有特殊的优越性.

(1) 戴维南定理的概念

含独立源的线性二端电阻网络,对其外部而言,都可以用电压源和电阻串联组合等效代替,该电压源的电压等于网络的开路电压,该电阻等于网络内部所有独立源作用为零情况下网络的等效电阻.

(2) 应用戴维南定理简化一个有源二端网络的步骤

① 把复杂电路分成待求支路和有源二端网络两部分,如图 4-24(a)所示. 点画线方框外为有源二端网络,方框内为待求支路.

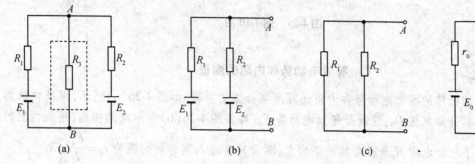

图 4-24 用戴维南定理化简步骤

② 移开待求支路,求出有源二端网络的开路电压 U_{AB},如图 4-24(b)所示. 此时,应特别注意电压源 U_{AB} 在等效电路中的正确连接.

③ 求内阻,它等于无源二端网络的等效电阻,即网络内所有电源都不起作用,电压源短接,电流源切断. 求出二端网络的等效电阻 R_{AB},如图 4-24(c)所示.

④ 画出有源二端网络的等效电路. 其中电源的电动势 $E_0 = U_{AB}$,内阻 $r_0 = R_{AB} = \dfrac{R_1 R_2}{R_1 + R_2}$.

然后在等效电路两端接入待求电路,如图 4-24(d)所示. 这时就可用欧姆定律或基尔霍夫定律求出待求支路的电流,其值为

$$I = \frac{E_0}{r_0 + R_3}$$

【例 4-10】 如图 4-25(a)所示为一个不平衡电桥电路,试求检流计的电流 I.

解 将检流计从 a、b 处断开,对端钮 a、b 来说,余下的电路是一个有源二端网络. 用戴维南定理求其等效电路. a、b 两点间的开路电压 U_{OC} 如图 4-25(b)所示.

$$U_{OC} = 5I_1 - 5I_2 = \left(5 \times \frac{12}{5+5} - 5 \times \frac{12}{10+5}\right)\text{V} = 2\text{V}$$

将 12V 电压源短路,可求得端钮 a、b 的输入电阻 R_i,如图 4-25(c)所示.

$$R_i = \left(\frac{5 \times 5}{5+5} + \frac{10 \times 5}{10+5}\right)\Omega = 5.83\Omega$$

最后,将图 4-25(a)所示电路简化为图 4-25(d)所示电路,可求得

$$I = \frac{U_{OC}}{R_i + R_g} = \frac{2}{5.83 + 10}\text{A} = 0.126\text{A}$$

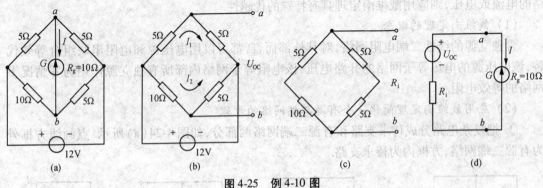

图 4-25 例 4-10 图

小试身手　　　　等效电动势和内阻的测量

有源二端网络的等效电动势和内阻还可用实验方法求得.如图 4-26(a)所示,用高内阻的电压表测量其开路电压 U_0,这就是等效电动势 E_0.再按图 4-26(b)所示电路接线,用低内阻的电流表与一个已知电阻 R 串联在其两个端点,测量其电流 I,则等效内阻为 $r_0 = \dfrac{E_0}{I} - R$.

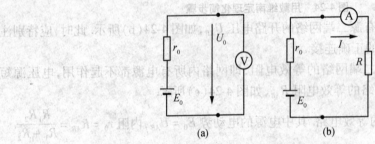

图 4-26 等效电动势和内阻的测量

八、优化训练

4-1 如图 4-27 所示,已知 $I_1 = 0.02\mu A$,$I_2 = 0.3\mu A$,$I_5 = 10\mu A$,试求电流 I_3、I_4 和 I_6.

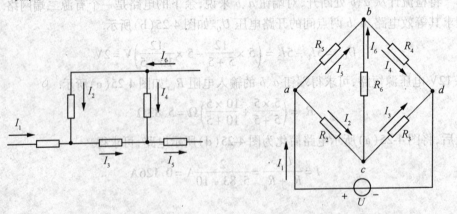

图 4-27 题 4-1 图　　　　　　　　图 4-28 题 4-2 图

4-2 如图 4-28 所示为一电桥电路,已知 $I_1 = 30mA$,$I_5 = 20mA$,$I_4 = 12mA$,求其余各电阻.

中的电流.

4-3 如图4-29所示,已标明各支路电流的参考方向,试用基尔霍夫电压定律写出回路的电压方程.

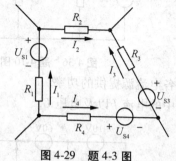

图4-29 题4-3图   图4-30 题4-4图

4-4 如图4-30所示,有源支路 $U_S=12V$,$R_1=2k\Omega$,电流 I 和电压 U 的参考方向如图所示,试写出此有源支路的电压、电流关系表达式,并画出其伏安特性曲线.

4-5 如图4-31所示电路,欲使灯泡上的电压 U_3 和电流 I_3 分别为20V和0.5A,则外加电压应为多少?

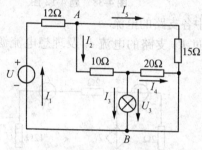
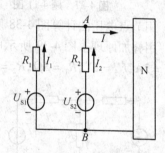

图4-31 题4-5图   图4-32 题4-6图

4-6 如图4-32所示电路,N为二端网络,已知 $U_{S1}=100V$,$U_{S2}=80V$,$R_2=2\Omega$,$I_2=2A$. 若流入二端网络的电流 $I=4A$,求电阻 R_1 及输入二端网络N的功率.

4-7 用支路电流法求图4-33所示电路中各支路电流.

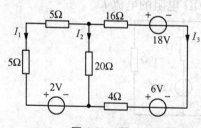
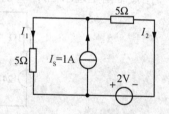

图4-33 题4-7图   图4-34 题4-8图

4-8 用支路电流法求图4-34所示电路中各支路的电流,并求电流源和电压源的功率.

4-9 如图4-35所示电路,已知 $R_1=40\Omega$,$R_2=15\Omega$,$R_3=10\Omega$,$U_S=100V$,$I_S=3A$,试计算各支路的电流,并用功率平衡法验证结果是否正确.

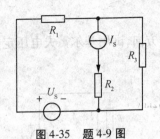
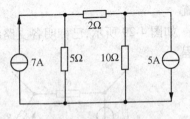

图4-35 题4-9图　　　　图4-36 题4-10图

4-10 用节点电压法求图4-36所示电路中各电流源提供的功率.

4-11 用节点电压法分析图4-37所示电路中的电流 I 以及电压 U.

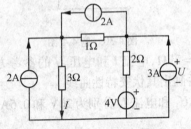
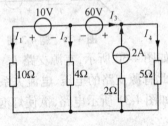

图4-37 题4-11图　　　　图4-38 题4-12图

4-12 用节点电压法计算图4-38所示电路中各支路的电流.

4-13 用叠加原理求图4-39所示电路中通过 R_3 支路的电流 I_3 及理想电流源的端电压 U. 图中, $I_S=2A, U_S=2V, R_1=3\Omega, R_2=R_3=2\Omega$.

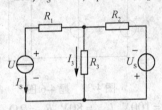
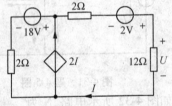

图4-39 题4-13图　　　　图4-40 题4-14图

4-14 用叠加原理求图4-40所示电路中的电压 U.

4-15 用戴维南定理求图4-41所示电路中 10Ω 电阻的电流 I.

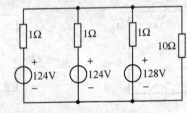

图4-41 题4-15图

4-16 利用戴维南定理求图4-42所示电路等效电路的电压和电阻.

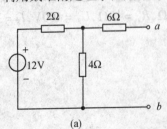
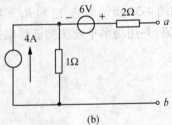

(a)　　　　　　　　　　　(b)

图4-42 题4-16图

4-17 用戴维南定理求出图4-43所示电路中的电流 I.

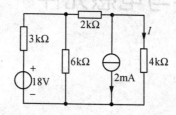

图 4-43 题 4-17 图

4-18 用戴维南定理求出图 4-44（a）、(b)、(c)、(d) 中各电路的等效电路中的电压和电阻.

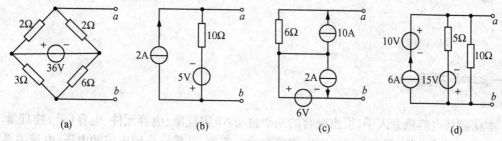

图 4-44 题 4-18 图

4-19 试对图 4-45 所示网络：
（1）求开路电压.
（2）将网络除源，求 R_i.
（3）求短路电流.
（4）求开路电压与短路电流之比.

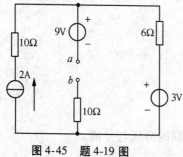

图 4-45 题 4-19 图

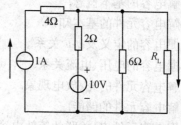

图 4-46 题 4-20 图

4-20 在图 4-46 所示电路中，R_L 等于多大时能获得最大功率？并计算这时的电流 I_L 及有源二端网络产生的功率.

第三单元 电容与电感元件

课题五 电容元件及其储能分析

一、学习指南

本课题从电容概念入手,引出电容的三个含义:电容现象、电容元件、电容(量)物理量.从电容的定义开始入手,研究电容的充电现象和放电现象,并重点介绍电容的电压、电流关系.

此外,本课题还介绍了电容元件的储能情况以及电容元件的串、并联等知识.这些知识是将来学习交流电路的基础.

二、学习目标

- 了解电容的基本概念.
- 了解电容元件的基本知识.
- 掌握电容的定义及 q-u 关系.
- 掌握电容的电压、电流关系.
- 了解电容元件的充、放电现象.
- 了解电容元件的储能.
- 掌握电容元件串、并联的等效电容以及串、并联的分压与分流.

三、学习重点

电容的定义,电容的电压、电流关系.

四、学习难点

电容的充、放电.

五、学习时数

4学时.

六、任务书

项目	电容元件充、放电		时间	2学时
工具材料	直流稳压电源,电解电容一只,开关一只,发光二极管一只,电阻一只,电流计一只,万用表一只			
操作要求	1. 按图5-1所示电路,选择合适元件参数,安装联接该电路. 2. 选择合适电源(用万用表测量电源的电压),接通电源,合上开关; ① 观察电流计的变化情况; ② 观察发光二极管的变化情况.			
测量记录	电源电压	U_1	U_2	U_3	U_4
	电流计变化				
	发光二极管				
计算与思考	1. 开关接通后电流计和发光二极管的变化情况. 2. 开关断开后电流计和发光二极管的变化情况. 3. 改变电源电压,观察发光二极管变亮的时间. 4. 试着改变电容,分析其对电路有什么影响.			
体会				
注意事项	1. 本项目是今后学习电容知识的准备和引导,因此要认真对待,以便更好地掌握电容元件的基本特性.要明白:"知识链接"中的知识学习是为了有效地完成项目任务,项目任务的完成是为了更好地掌握知识和提高技能. 2. 通过实验中的现象能总结电容通电后、放电时的变化情况. 3. 要注意观察电流计的变化,关于电容的放电,不妨充电后短接试试. 4. 建议2~3人一组进行实验.			

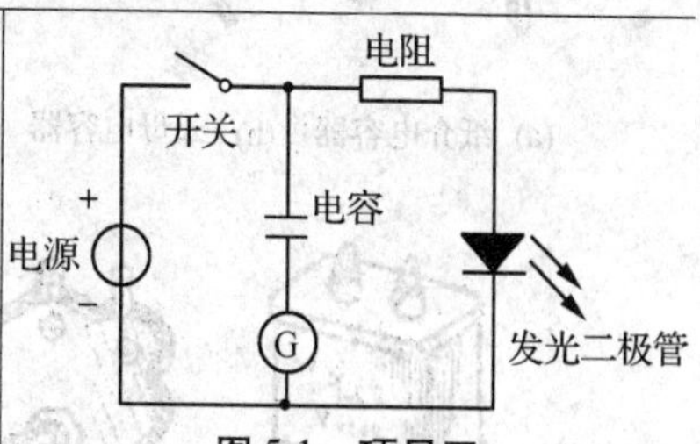

图5-1 项目五

七、知识链接

1. 电容元件的基本概念

通过前面的课程学习,我们已经知道电阻是电路中一个基本的无源元件,本课题将介绍第二种重要的无源元件——电容.电容具有三层含义.
(1) 电容现象
电容是电路中存储电场能的物理现象.
(2) 电容元件
电容元件也称电容器,俗称电容.
① 电容器的结构.
电容器是由两块金属(电)极板,中间夹一层不导电的介质(如云母、空气、电解质等)构成的.常见的电容器的实物图如图 5-2 所示.

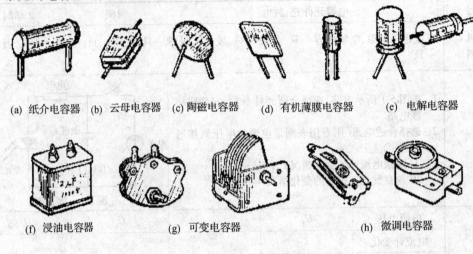

图 5-2　电容器的外观模型图

② 电容元件的符号如图 5-3 所示.

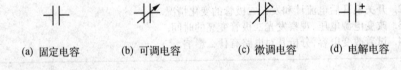

图 5-3　电容元件的符号

③ 电容元件的作用.
电容器在电子线路中的作用一般概括为:通交流、阻直流.在电子线路中的应用案例有:
　　a. 构成振荡电路.计算机中的基本时钟就是由振荡电路产生的.RC 振荡电路就是通过电容器的充、放电实现振荡的.
　　b. 滤波.用电容元件通交流阻直流、通高频阻低频的特性,将电路中不需要的谐波成份滤掉,以抑制干扰.
　　c. 构成谐振电路.利用电路谐振,可以收到与电路固有谐振频率相同的电磁波,以实现无线通信的功能.
　　d. 作为旁路电容.让高频信号通过电容旁路掉,从而达到低通滤波的效果.
　　e. 用做耦合电容,以实现多级放大电路的信号传递.
④ 电容元件的分类.
　　a. 按结构可分为:固定电容、可变电容、微调电容.
　　b. 按介质材料种类可分为:气体介质电容、液体介质电容、无机固体介质电容、有机固体介质电容、电解电容;按介质材料类别可分为:电解类、薄膜类、瓷介类.

c. 按极性可分为:有极性电容和无极性电容.

我们最常见到的有极性电容就是电解电容.

表 5-1 列出了一些常用电容的优缺点.

表 5-1 常用电容优缺点

极性	名称	优点	缺点
无	无感 CBB 电容	无感,高频特性好,体积较小	不适合做大容量,价格比较高,耐热性能较差
无	CBB 电容	有感,其他同上	
无	瓷片电容	体积小,耐压高,价格低,频率高	易碎,容量低
无	云母电容	容易生产,技术含量低	体积大,容量小
无	独石电容	体积比 CBB 电容更小,其他同 CBB 电容,有感	
有	电解电容	容量大	高频特性不好
有	钽电容	稳定性好,容量大,高频特性好	价格高(关键地方用)

⑤ 电容元件的标称法.

电容的参数很多,在实际应用中,一般常考虑标称电容值、耐压等参数. 电容的电容量标称方法通常有三种:直标法、色标法和数标法.

a. 直标法. 如果数字是 0.001,那它代表的是 $0.001\mu F(1nF)$,如果是 10n,那么就是 10nF,100p 就是 100pF. 如果不标单位采用 1~4 位数字表示,则容量单位为 pF,如 350 为 350pF,3 为 3pF,0.5 为 0.5pF.

b. 色标法. 沿电容引线方向,用不同的颜色表示不同的数字,第一、二环颜色表示电容量,第三环颜色表示有效数字后零的个数(单位为 pF).

说明:电容色标法和电阻色标法基本相同,颜色意义:黑 =0、棕 =1、红 =2、橙 =3、黄 =4、绿 =5、蓝 =6、紫 =7、灰 =8、白 =9.

c. 数标法. 三位数字的表示法也称电容量的数标法. 三位数字的前两位数字为标称容量的有效数字,第三位数字表示有效数字后面零的个数,它们的单位都是 pF. 例如,102 表示标称容量为 1 000pF,221 表示标称容量为 220pF,224 表示标称容量为 22×10^4pF.

说明:在这种表示法中有一个特殊情况,就是当第三位数字用"9"表示时,是用有效数字乘上 10^{-1} 来表示容量大小的. 例如,229 表示标称容量为 $22\times(10^{-1})pF = 2.2pF$.

耐压也是电容元件的一个重要参数,选择电容元件除了要考虑电容量外,还必须考虑耐压值,电容耐压值的单位是 V(伏特),每一个电容都有它的耐压值. 普通无极性电容的标称耐压值有 63V、100V、160V、250V、400V、600V、1 000V 等,有极性电容的耐压值相对要比无极性电容的耐压值低,一般的标称耐压值有 4V、6.3V、10V、16V、25V、35V、50V、63V、80V、100V、220V、400V 等.

⑥ 电容元件的命名.

国产电容器的型号一般由四部分组成(不适用于压敏、可变、真空电容器),依次分别代表名称、材料、特征和序号,如表 5-2 所示.

表 5-2　电容器型号

第一部分	第二部分		第三部分		第四部分
名称	材料		特征		序号
符号	符号	意义	符号	意义	字母和数字
C	C	高频瓷	D	低压	序号表示第 n 次设计或第 n 代产品
	T	低频瓷	X	小型	
	I	玻璃釉	Y	高压	
	O	玻璃膜	M	密封	
	Y	云母	T	铁电	
	V	云母纸	W	微调	
	Z	纸介	J	金属化	
	J	金属化纸	C	穿心式	
	B	聚苯乙烯膜	S	独石	
	BF	聚四氟乙烯膜			
	Q	漆膜			
	H	复合介质			
	D	铝电解质			
	A	钽电解质			
	N	银电解质			
	G	合金电解质			
	L	绦纶极性膜			
	LS	聚碳酸脂极性膜			
	E	其他材料电解质			

例：CD1 型为铝电解电容器，产品设计序号为 1；CY 为云母电容器．

（3）电容物理量

电容量是电容元件（电容器）容纳电荷本领的物理量，常简称电容．

电容元件极板上所带电荷量 q 与两极板所带电压 u 的比值，称为电容元件的电容，根据定义，其表达式可以写为

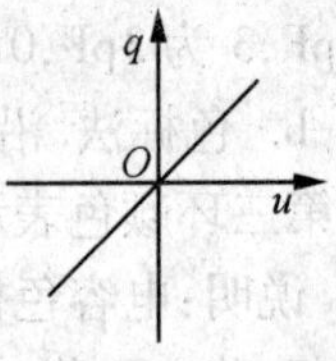

$$C = \frac{q}{u} \tag{5-1}$$

图 5-4　电容 q-u 的关系

C 的单位称为法[拉]（F）．C 不随 u 和 q 的改变而改变的，称为线性电容．本书介绍的电容均指线性电容．

表 5-3 列出了 C、Q、U 几个物理量的相关信息．

表 5-3　C、Q、U 几个物理量

物理量名称	物理量符号	物理量单位
电容（量）	C	法[拉]（F）
电荷量	$Q(q)$	库[仑]（C）
电压	$U(u)$	伏[特]（V）

需要指出的是：实际的电容量往往很小，一般为微法和皮法数量级．

生活索引　　　　水筒与电容

水筒能够储存水，这是水筒本身的特性，不装水时也有装水的能力．不同的水筒需要不同的水量才能达到相同的水位．

类比解析：电容能够存储电荷，这也是电容本身的特性，不加电荷时电容量是一样的，当然不同电容量的电容要想储存相同的电荷量需要的电压是不一样的.

（4）平行板电容器

平行板电容器是由两块平行且靠得很近而又彼此绝缘的金属板组成.

① 平行板电容器的内容：它的电容量与极板面积 S 及电介质的介电常数 ε 成正比，与极板间的距离 d 成反比. 其数学表达式为

$$C = \frac{\varepsilon S}{d} \tag{5-2}$$

式中，C 为电容量，单位为法[拉]（F）；ε 为电介质的介电常数，单位为法[拉]/米（F/m）；S 为每块极板的有效面积，单位为平方米（m^2）；d 为两极板间的距离，单位为米（m）.

小知识 法拉第

法拉第（1791—1867），英国著名物理学家和化学家. 法拉第出生于贫寒的铁匠家庭，靠自学成为科学家. 1812 年进入皇家学院实验室任大化学家戴维的助手，1824 年被选为伦敦皇家学会会员，1825 年任英国皇家学院实验室主任，他还是法国科学院院士. 1846 年他荣获伦福德奖章和皇家勋章.

法拉第在物理学方面的主要贡献是对电磁学进行了比较系统的研究. 1831 年他总结了电磁感应定律，并发明了电动机和发电机. 1833～1834 年他发现了电解定律，他还建立了电场、磁场、磁感线等重要概念. 后人为纪念他，用他的名字命名电容的单位，简称"法".

② 平行板电容器的特性：结构固定的平行板电容器的电容量是一个确定值，其大小仅与电容器的极板面积大小、相对位置以及极板间的电介质有关，而与两极板间电压的大小、极板所带电荷量的多少无关.

电介质的介电常数：用 ε 表示，它由介质的性质决定，不同介质的介电常数是不同的.

a. 真空中的介电常数：用 ε_0 表示，$\varepsilon_0 = 8.85 \times 10^{-12}$ F/m.

b. 相对介电常数：某种介质的介电常数 ε 与 ε_0 之比，用 ε_r 表示，即

$$\varepsilon_r = \frac{\varepsilon}{\varepsilon_0} \text{ 或 } \varepsilon = \varepsilon_r \varepsilon_0 \tag{5-3}$$

相对介电常数是没有单位的. 常用电介质的相对介电常数如表 5-4 所示.

表 5-4 常用电介质的相对介电常数

介质名称	相对介电常数 ε_r	介质名称	相对介电常数 ε_r
石英	4.2	聚苯乙烯	2.2
空气	1	三氧化二铝	8.5
硬橡胶	3.5	玻璃	5~10
酒精	35	无线电瓷	6~6.5
纯水	80	超高频瓷	7~8.5
云母	7	五氧化二钽	11.6

③ 影响电容量的因素. 从电容器的结构来看，影响电容量的因素有三个：电容元件的金属极板的面积、两个金属极板间的距离、电容器的介质，即

a. 金属极板面积越大，电容器的电容量越大.

b. 两个极板间的距离越短，电容器的电容量越大.

c. 介质的介电常数越高,电容器的电容量越大.

2. 电容元件的 u-i 关系

(1) 电容元件充电

电容元件在接通电源后,电荷从电源流向电容元件的极板,此过程称为对电容元件充电,此时电路中的电流称为充电电流.

(2) 电容元件放电

当带电的电容两极板短路后,电荷从电容一个极板流向另一个极板,此过程称为电容放电,此时电路中的电流称为放电电流.

(3) 伏安关系

在如图 5-5 所示电路电压、电流关联参考方向下,电流与电压的关系是

$$i = \frac{dq}{dt} = C\frac{du}{dt} \quad (5-4)$$

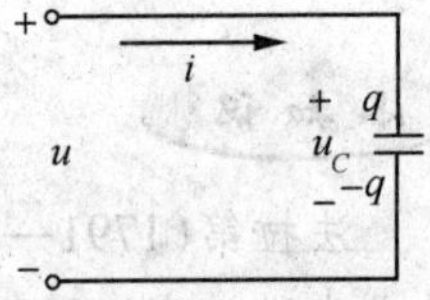

图 5-5 电容电路

(4) 电容元件特点

① 任一时刻电容电路中的电流与该时刻电压的变化率成正比,而与电压的大小无关.

② 电容元件在直流电路中,相当于开路,即电容具有通交流、阻直流,通高频、阻低频的特性.

③ 电容元件两端的电压不能发生突变.

想一想 电容的电流

如果电容两边加的不是一个恒定电压,而是一个变化电压,那么电容的极板就开始充、放电了,此时是不是相当于有电流流过电容呢?

3. 电容元件的储能

在电压 u 和电流 i 的关联参考方向下,电容元件吸收的功率为 $p = ui$,电容元件吸收的电场能量是瞬时功率 p 从 $-\infty$ 到 t 的积分,即

$$W = \int_{-\infty}^{t} u(\xi)i(\xi)d\xi = \int_{-\infty}^{t} u(\xi)\left[C\frac{du(\xi)}{d\xi}\right]d\xi$$

$$= C\int_{u(-\infty)}^{u(t)} u(\xi)du(\xi) = \frac{1}{2}Cu^2(t) - \frac{1}{2}Cu^2(-\infty)$$

电容元件吸收的能量以电场形式存储在元件的电场中.可以认为在 $t = -\infty$ 时,$u(-\infty) = 0$,其电场能量必为零,则上式便可写为

$$W(t) = \frac{1}{2}Cu^2(t)$$

上式表明,电容元件在任一时刻的储能,只取决于该时刻电容元件的电压值,而与电容元件的电流值无关.这就是说,只要电容有电压存在,它就存在储能.

从时间 t_1 到 t_2,电容元件吸收的电能为

$$W = C\int_{u(t_1)}^{u(t_2)} u du = \frac{1}{2}Cu^2(t_2) - \frac{1}{2}Cu^2(t_1) = W(t_2) - W(t_1)$$

当电容元件充电时，$|u(t_2)| > |u(t_1)|$，$W(t_2) > W(t_1)$，故在这段时间内电容元件吸收能量；当电容元件放电时，$|u(t_2)| < |u(t_1)|$，$W(t_2) < W(t_1)$，故在这段时间内电容元件释放能量.

由此可见，电容元件不消耗所吸收的能量，是一种储能元件.

【例 5-1】 图 5-6 中，设 $C_1 = 0.5F$，$C_2 = 0.25F$，电路处于直流工作状态. 求两个电容各自储存的电场能.

解 $u_1 = \dfrac{12\Omega}{(12+4)\Omega} \times 32V = 24V$，$u_2 = 32V - u_1 = 8V$

$w_1 = \dfrac{1}{2}C_1 u_1^2 = 144J$，$w_2 = \dfrac{1}{2}C_2 u_2^2 = 8J$

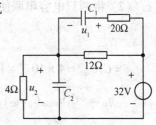

图 5-6　例题 5-1 图

4. 电容的串、并联

在电路中，当一个电容器的容量和耐压值不能满足电路的要求时，通常要将多个电容器串联或并联起来. 图 5-7 和图 5-8 分别是电容元件串联和并联电路.

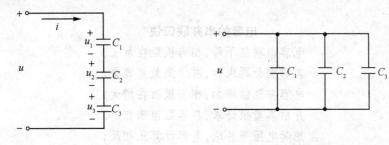

图 5-7　电容元件串联　　　　　图 5-8　电容元件并联

（1）电容的串联

① 等效电容为

$$\dfrac{1}{C} = \dfrac{1}{C_1} + \dfrac{1}{C_2} + \dfrac{1}{C_3}$$

② 各电容上的电压分配与电容成反比，即

$$u_1 = \dfrac{C}{C_1}u,\ u_2 = \dfrac{C}{C_2}u,\ u_3 = \dfrac{C}{C_3}u$$

（2）电容的并联

① 等效电容为

$$C = C_1 + C_2 + C_3$$

② 各电容上的电压相等，即

$$u_1 = u_2 = u_3 = u$$

想一想　　　电容串、并联

有的时候我们对容量和耐压值有一定的要求，如果想获得一定的耐压值，又要获得一定的容量，怎么办？

【例 5-2】 已知电容 $C_1 = 4\mu F$，耐压值 $U_{M1} = 150V$，电容 $C_2 = 12\mu F$，耐压值 $U_{M2} = 360V$.

（1）将两只电容并联使用，等效电容是多大？最大工作电压是多少？

(2) 将两只电容串联使用,等效电容是多大? 最大工作电压是多少?

解 (1) 将两只电容并联使用时,等效电容为

$$C = C_1 + C_2 = (4+12)\mu F = 16 \mu F$$

其耐压值为

$$U = U_{M1} = 150V$$

(2) 将两只电容串联使用时,等效电容为

$$C = \frac{C_1 C_2}{C_1 + C_2} = \frac{4 \times 12}{4+12} \mu F = 3 \mu F$$

$$q_{M1} = C_1 U_{M1} = 4 \times 10^{-6} \times 150 C = 6 \times 10^{-4} C, \quad q_{M2} = C_2 U_{M2} = 12 \times 10^{-6} \times 360 C = 4.32 \times 10^{-3} C$$

$$q_M = \{C_1 u_{M1}, C_2 u_{M2}\}_{min} = 6 \times 10^{-4} C, \quad U_M = U_{M1} + \frac{q_M}{C_2} = \left(150 + \frac{6 \times 10^{-4}}{12 \times 10^{-6}}\right)V = 200V$$

$$U_M = \frac{q_M}{C} = \frac{6 \times 10^{-4}}{3 \times 10^{-6}} V = 200V$$

小知识

电容的串并联口诀

电容串联值下降,相当板距在加长,
各容倒数再求和,再求倒数总容量.
电容并联值增加,相当板面在增大,
并后容量很好求,各容数值来相加.
想起电阻串并联,电容计算正相反,
电容串联电阻并,电容并联电阻串.

说明:两个或两个以上电容串联时,相当于绝缘距离加长,因为只有最靠两边的两块极板起作用,又因电容和距离成反比,距离增加,电容下降;两个或两个以上电容并联时,相当于极板的面积增大了,又因电容和面积成正比,面积增加,电容增大.

八、优化训练

5-1 有两个电容,一个电容量较大,另一个电容量较小,如果它们所带的电荷量一样,哪一个电容上的电压高? 如果它们充得的电压相等,哪一个电容的电荷量大?

5-2 有人说"电容带电多电容就大,带电少电容就小,不带电则没有电容."这种说法对吗? 为什么?

5-3 如果电容极板上的电荷量为 Q,极板两端的电压为 U,则电容的电容量为 C;如果电容极板上的电荷量为 0,该电容的电容量为多少? 如果该电容极板上的电荷量为 $2Q$,极板两端的电压将为多少?

5-4 以空气为介质的平行板电容,当发生下列变动时,电容量有何变化? (1) 增大电容极板面积;(2) 插入相对介电常数为 ε_r 的介质;(3) 缩小极板间的距离.

5-5 如图5-9所示,已知 $E = 12V, R_1 = 60\Omega, R_2 = 100\Omega, C = 0.5\mu F$,求电容极板上所带的电荷量.

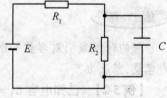

图5-9 题5-5图

5-6 平行板电容极板面积是30cm², 两极板相距0.4mm. 估算: (1)当两极板间的介质是空气时的电容; (2)若其他条件不变而把电容中的介质换成另一种介质, 测出其电容为132pF, 这种电介质的相对介电常数是多少?

5-7 如图5-10所示电路中, 电源电动势为 E, C 是一个电容量很大的未充电的电容. 当开关S合上时, 电源向电容充电, 这时看到灯泡L开始＿＿＿＿＿, 然后逐渐＿＿＿＿＿. 从电流表A可以观察到充电电流＿＿＿＿＿, 而从电压表V上看到读数＿＿＿＿＿. 经过一段时间后, 从电流表A可观察到充电电流＿＿＿＿＿, 电压表读数为＿＿＿＿＿.

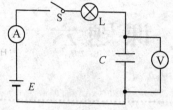

图5-10 题5-7图

5-8 把一个电容为100μF的电容接到6V直流电源上, 求带电后所储存的电荷量.

5-9 标有10V、10μF的电容, 当所加电压为5V时, 它带的电荷量是多少? 这个电容最多能带多少电荷量?

5-10 当一只电容的两端电压是10V时, 一块极板上所带电荷量是100μC(微库仑), 求这只电容的容量是多少?

5-11 平行板电容器的正对面积是60cm², 两极板的间隔是0.1mm, 求以空气和蜡纸(ε_r=4.5)为介质的电容器的电容量各是多少?

5-12 空气中有两块平行放置的金属板, 正对面积为10cm², 测得平行板之间的电容是8.5pF, 求两块平行板之间的距离.

5-13 一个电容为0.1F的电容, 其两端电压 $u(t)$ 波形图如图5-11所示, 试画出电容电流 $i(t)$ 的波形.

5-14 图5-12(a)所示电路中, 电容 C 为 $0.5\mu F$, 电压 u 的波形图如图5-12(b)所示, 求电容电流 i, 并绘出其波形.

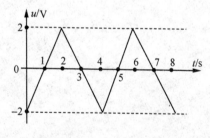

图5-11 题5-13图

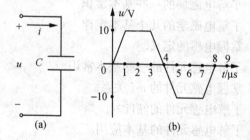

图5-12 题5-14图

5-15 作用于25μF电容的电流如图5-13所示. 若 $u(0)=0$, 试确定: $t=17ms$ 及 $t=40ms$ 时的电压、吸收功率以及储能各为多少?

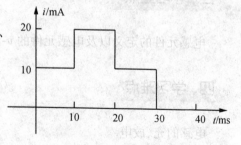

图5-13 题5-15图

课题六

电感元件及其储能分析

一、学习指南

本课题从电磁场的基本知识入手,引出电感的概念、电感元件模型,分析电感元件的定义,通过电感元件充电、放电的实验现象观察,引导学生思考电感的工作机理.

本课题还介绍了电感元件的一些基本知识,如电感的分类、应用、测量等知识,丰富了教学内容.

学习电感元件的电压-电流关系,对今后深入学习交流电路有着重要的意义.

二、学习目标

- 了解电磁场的一些基本常识.
- 了解电磁学的几个基本定律.
- 掌握电感的定义.
- 了解电感元件的一些基本常识.
- 掌握电感元件的 u-i 关系.
- 了解电感元件的储能.
- 了解电感元件的基本应用.

三、学习重点

电感元件的定义以及电感元件的 u-i 关系.

四、学习难点

电感的充、放电.

五、学习时数

4 学时.

六、任务书

项目	电感元件的充电、放电		时间	2 学时
工具材料	直流稳压电源一台,开关一只,电流计两只,小灯泡两只,导线若干,电感一只,万用表一只			
操作要求	1. 按图 6-1 所示装接电路. 2. 实验过程中观察灯泡和电流计的变化情况: ① 开关 S 合上; ② 开关 S 打开. 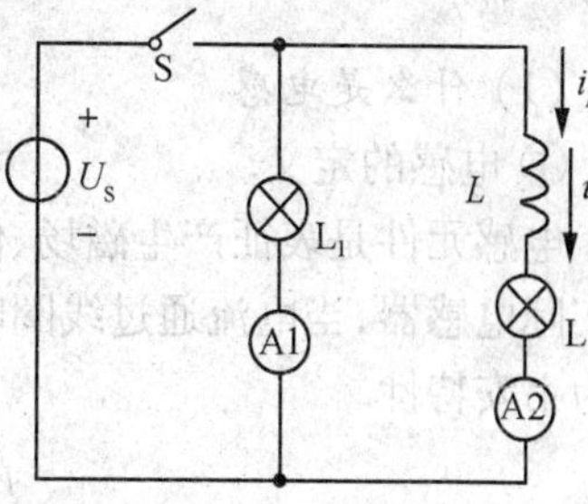		图 6-1 项目 6	

测量记录	电路状态	灯泡1	灯泡2	电流计1	电流计2
	开关合上				
	开关打开				

计算与思考	1. 开关接通后两个灯泡的变化情况,两个电流计的变化情况. 2. 开关断开后两个灯泡的变化情况,两个电流计的变化情况. 3. 观察 L_2 变亮的时间? 4. 不同的电感对充、放电有什么影响.
体会	
注意事项	1. 本项目是今后学习电感知识的准备和引导,因此要认真对待,以便更好地掌握电感元件的基本特性. 要明白:"知识链接"中的知识学习是为了有效地完成项目任务,项目任务的完成是为了更好地掌握知识和提高技能. 2. 通过实验中的现象能总结电感通电后和放电时的变化情况. 3. 要注意观察电流表的变化,关于电感的放电,不妨充电后短接试试. 4. 建议 2~3 人一组进行实验.

七、知识链接

1. 电感元件的基本概念

前面已经介绍了两种重要的无源元件,还有一种就是电感元件,电感元件在电子工业和电力系统中有很多应用,如用于发电机、变压器、收音机、电动机等.

想一想　　　　　　　　　　　**电与磁**

如今我们的周围充满了电磁波,电与磁的应用相当广泛,你能说说我们周围哪些地方应用了磁吗?

(1) 什么是电感

① 电感的定义.

电感元件是表征产生磁场、储存磁场能量的元件.一般把金属导线绕在一骨架上来构成一实际电感器,当电流通过线圈时,将产生磁通.其特性可用 $\Psi\text{-}i$ 平面上的一条曲线来描述,称为韦安特性.

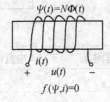 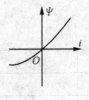

图 6-2　电感元件及韦安特性

将一根导线绕成一个线圈,这个线圈就是一个简单的电感元件.

② 线性电感.

任何时刻,通过线性电感元件的电流 i 与其磁通 Ψ 成正比.如图 6-3 所示,$\Psi\text{-}i$ 韦安特性是过原点的直线.

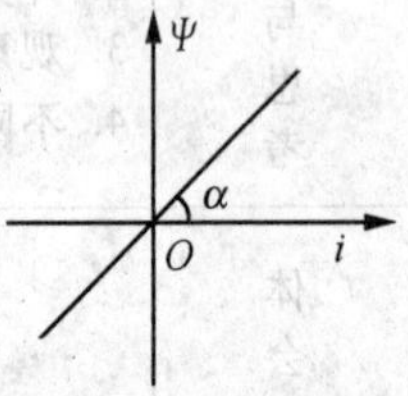

③ 电感物理量.

电感量 L 也称自感系数(简称电感),是用来表示电感元件自感应能力的物理量.当通过一个线圈的磁通发生变化时,线圈中便会产生电动势,这就是电磁感应现象.电动势大小正比于磁通变化的速率和线圈匝数.自感电动势的方向总是阻止电流变化的,犹如线圈具有惯性,这种电磁惯性的大小就用电感量 L 来表示.

图 6-3　线性电感

电感 L 的定义式为

$$L = \frac{\Psi_L}{i_L}$$

表 6-1 列出了 Ψ、i、L 几个物理量的相关信息.

表 6-1　ψ、i、L 几个物理量

物理量名称	物理量符号	物理量单位
电感	L	亨（H）
电流	i	安（A）
磁通	ψ	韦（Web）

小知识　　　　　　　　　电感量

L 的基本单位为 H（亨），实际用得较多的单位为 mH（毫亨）和 μH（微亨），其换算关系是：$1H = 10^3 mH = 10^6 \mu H$。

（2）电感元件

① 电感元件外形如图 6-4 所示，其图形符号如图 6-5 所示。

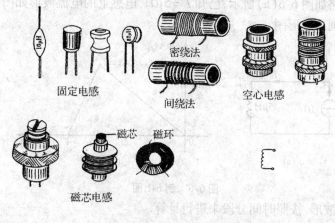

图 6-4　电感元件外形

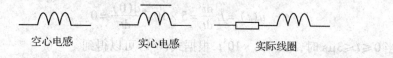

图 6-5　电感元件符号

② 电感元件的分类．电感元件种类繁多，按电感形式分类，有固定电感、可变电感．按导磁体性质分类，有空心线圈、铁氧体线圈、铁芯线圈、铜芯线圈．按工作性质分类，有天线线圈、振荡线圈、扼流线圈、陷波线圈、偏转线圈．按绕线结构分类，有单层线圈、多层线圈、蜂房式线圈．按工作频率分类，有高频线圈、低频线圈．按结构特点分类，有磁芯线圈、可变电感线圈、色码电感线圈、无磁芯线圈等。

③ 电感元件的作用．电感元件在电路中起到"通直流，阻交流"的作用，主要用做滤波、振荡、延迟、分频等．

④ 电感元件的测量．检查电感好坏的方法：用电感测量仪测量其电感量时，要注意测量电压、频率、精度、速度、方式的选择，不同的仪器测量的电感数都有一些出入。用万用表测电感只能测好坏，用 R×1 挡测电阻值为极小（接近零）就是正常，若电阻值为无穷大，则表明电感元件开路损坏．理想的电感电阻很小，近乎为零．

找一些废旧金属片(如铝片),折叠成各种形状,用导线联接到电视机上,作为电视机的天线,看看哪种形状接收效果好些.

2. 电感元件的 u-i 关系

若电感的端电压 u 和电流 i 取关联参考方向,根据电磁感应定律与楞次定律,则有

$$u(t) = \frac{d\Psi}{dt} = L\frac{di(t)}{dt} \tag{6-1}$$

式(6-1)表明:

① 电感电压 u 的大小取决于 i 的变化率,与 i 的大小无关,电感是动态元件.

② 当 i 为常数(直流)时,$u=0$,电感相当于短路.

③ 实际电路中电感的电压 u 为有限值,则电感电流 i 不能跃变,必定是时间的连续函数.

【例 6-1】 电路如图 6-6(a)所示,已知 $L=5\mu H$,电感上的电流波形如图 6-6(b)所示,求电感电压 $u(t)$,并画出波形图.

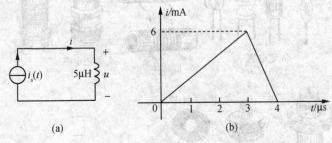

图 6-6 例 6-1 图

解 根据题图波形,按照时间分段来进行计算.

(1) 当 $t \leq 0$ 时,$i(t)=0$,根据式(6-1)可以得到

$$u(t) = L\frac{di}{dt} = 5 \times 10^{-6}\frac{d(0)}{dt} = 0$$

(2) 当 $0 \leq t \leq 3\mu s$ 时,$i(t) = 2 \times 10^3 t$,根据式(6-1)可以得到

$$u(t) = L\frac{di}{dt} = 5 \times 10^{-6}\frac{d(2 \times 10^3 t)}{dt} = 10 \times 10^{-3}V = 10mV$$

(3) 当 $3\mu s \leq t \leq 4\mu s$ 时,$i(t) = 24 \times 10^3 - 6 \times 10^3 t$,根据式(6-1)可以得到

$$u(t) = L\frac{di}{dt} = 5 \times 10^{-6}\frac{d(24 \times 10^3 - 6 \times 10^3 t)}{dt} = -30 \times 10^{-3}V = -30mV$$

(4) 当 $t \geq 4\mu s$ 时,$i(t)=0$,根据式(6-1)可以得到

$$u(t) = L\frac{di}{dt} = 5 \times 10^{-6}\frac{d(0)}{dt} = 0$$

根据以上计算结果,画出相应的波形,如图 6-7 所示.这说明电感电流为三角波形时,其电感电压为矩形波形.

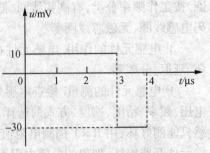

图 6-7 例 6-1 结果

小知识 电感放电点火

无触点点火系统是通过触发线圈获取的触发电流来控制晶体管或可控硅的动作,从而切断点火线圈的初级电流.无触点点火系统无需保养,成本不高,技术上也不复杂,所以很快被推广使用.现在的摩托车几乎全部都使用这种无触点点火系统.

3. 电感元件的储能

电感是储存磁场能的元件,根据功率定义式,可得

① 即时功率 $p(t) = u(t)i(t) = Li(t)\dfrac{\mathrm{d}i(t)}{\mathrm{d}t}$. 分析该表达式:

a. $i(t) > 0, \dfrac{\mathrm{d}i(t)}{\mathrm{d}t} > 0, i \uparrow$,吸收能量,$p > 0$;

b. $i(t) > 0, \dfrac{\mathrm{d}i(t)}{\mathrm{d}t} < 0, i \downarrow$,释放能量,$p < 0$;

c. $i(t) < 0, \dfrac{\mathrm{d}i(t)}{\mathrm{d}t} > 0, |i| \downarrow$,释放能量,$p < 0$;

d. $i(t) < 0, \dfrac{\mathrm{d}i(t)}{\mathrm{d}t} < 0, |i| \uparrow$,吸收能量,$p > 0$.

② $p = \dfrac{\mathrm{d}w}{\mathrm{d}t}, w = \int p \mathrm{d}t$,则

$$W_L(-\infty, t) = \int_{-\infty}^{t} u(\xi)i(\xi)\mathrm{d}\xi = \int_{-\infty}^{t} Li(\xi)\dfrac{\mathrm{d}i(\xi)}{\mathrm{d}\xi}\mathrm{d}\xi = L\int_{i(-\infty)}^{i(t)} i(\xi)\mathrm{d}i(\xi)$$
$$= \dfrac{1}{2}Li^2(t) - \dfrac{1}{2}Li^2(-\infty)$$

电感元件吸收的能量以磁场能量的形式储存在元件的磁场中.

若 $i(-\infty) = 0$,电感元件在某一时刻 t 储存的磁场能量 $W_L(t)$ 将等于它吸收的能量,且与该时刻的电流有关,

$$W_L(t) = \dfrac{1}{2}Li^2(t)$$

电感元件是一种储能元件,又是一种无源元件.

【例6-2】 在图6-8所示电路中,已知 $t \geq 0$ 时,电感电压 $u(t) = \mathrm{e}^{-t}$V,且知在某一时刻 t_1,电压 $u(t_1) = 0.4$V,试问在这一时刻:

(1) 电流 i_L 的变化率是多少?
(2) 电感的磁通是多少?
(3) 电感的储能是多少?
(4) 电感磁场放出能量的速率是多少?
(5) 电阻消耗能量的速率是多少?

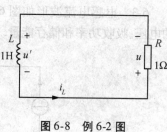

图6-8 例6-2图

解 (1) 先求出 $i_L(t)$,注意 u 与 i_L 为非关联参考方向:

$$i_L(t) = i_L(0) + \dfrac{1}{L}\int_0^t u' \mathrm{d}\xi$$

又
$$i_L(0) = i_R(0) = \frac{U(0)}{R} = e^{-t}\big|_0 = 1\text{A}$$

则
$$i_L(t) = 1 + \frac{1}{L}\int_0^t (-e^{-\xi})d\xi = 1 + e^{-\xi}\big|_0^t = e^{-t}$$

电流变化率为
$$\frac{di_L(t)}{dt} = -e^{-t}, \frac{di}{dt}\bigg|_{t_1} = -e^{t_1} = -0.4\text{A}\cdot\text{s}^{-1}[\text{因为} u(t_1) = e^{-t_1}\text{V} = 0.4\text{V}]$$

(2) 电感的磁通为
$$\Psi(t) = Li_L(t) = e^{-t}, \Psi(t_1) = e^{-t_1} = 0.4\text{Wb}$$

(3) 电感的储能为
$$W_L(t) = \frac{1}{2}Li_L^2(t) = \frac{1}{2}L(e^{-t})^2, W_L(t_1) = \frac{1}{2}\times 1\times (0.4)^2\text{J} = 0.08\text{J}$$

(4) 磁场能量的变化率,即功率为
$$P(t) = \frac{dW_L}{dt} = i'(t)i(t) = -i(t)i(t) = -e^{-t}\cdot e^{-t}\text{W} = -e^{-2t}\text{W}$$

$$P(t_1) = [-(e^{-2t_1})]\text{W} = -[(e^{-t_1})^2]\text{W} = -0.16\text{W}$$

释放能量.

(5) 电阻消耗能量的速率,即电阻消耗的功率为
$$P_R = i_L^2(t)\cdot R = (e^{-t})^2 = e^{-2t}\text{W}$$

$$P_R(t_1) = (0.4)^2\text{W} = 0.16\text{W}$$

八、优化训练

6-1 为什么电感元件在直流电路中相当于短路?

6-2 在图 6-9 所示电路中 $R = 1\text{k}\Omega, L = 100\text{mH}$,若 $U_R(t) = \begin{cases} 15(1-e^{-10^4 t}), t>0 \\ 0, t<0 \end{cases}$,其中 u_R 单位为 V,t 单位为 s. (1) 求 $u_L(t)$,并绘出 $u_L(t)$ 的波形图. (2) 求电压源电压 $u_S(t)$.

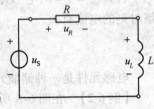

图 6-9 题 6-2 图

6-3 电感电流波形如图 6-10 所示,$L = 0.1\text{H}$,求 $t > 0$ 时电感的电压、吸收功率和储存能量.

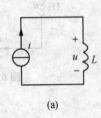
(a)

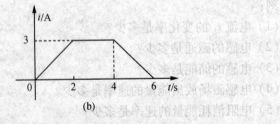
(b)

图 6-10 题 6-3 图

6-4 如图 6-11 所示电路中,已知 $u_C(t) = te^{-t}\text{V}$. 求 $i(t)$ 及 $u_L(t)$,求 $u_L(t)$ 时要求用两种不同的方法.

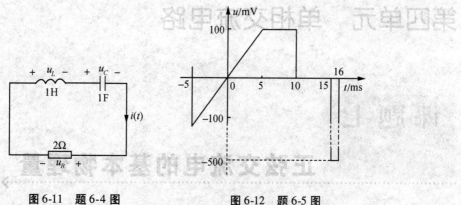

图 6-11 题 6-4 图　　　　图 6-12 题 6-5 图

6-5　2mH 电感的电压如图 6-12 所示,已知:$t<-5\text{ms}$ 时 $i=0$. (1)试绘出 $-5\text{ms}<t<16\text{ms}$ 期间电感的电流波形(设电流、电压为关联参考方向). (2)在什么时刻电感中的储能为最大? 最大储能值是多少? (3)绘制 $t\geq 0$ 时该电感的等效电路.

第四单元　单相交流电路

课题七　正弦交流电的基本物理量

一、学习指南

正弦交流电的应用极为广泛,目前使用的电能几乎都是以正弦交流电的形式产生的,在一些需要直流电的场合,几乎也是将正弦交流电通过整流装置变换成直流电.因此,学习、研究正弦交流电具有重要的现实意义.

本课题从联接最简单的交流电路入手,通过测试交流电压、电流的波形和测量电压、电流的大小,使读者深刻地意识到交流电路的电压、电流都是随时间的变化而变化,同时引出了交流电路的基本物理量.通过电路联接、测量和思考分析,增强了读者的动手能力和分析能力.

本课题中的基本概念和基本物理量是电工技术和电子技术的基础,对今后深入学习专业知识有着重要的意义.

二、学习目标

- 理解并掌握交流电路中电流、电压和电动势等物理量的瞬时值、最大值和有效值,理解相位和相位差的意义,掌握各物理量的单位和表示符号.
- 熟练掌握用万用表测量电流、电压等物理量的技能.
- 学会使用示波器.
- 掌握安装和分析电路的基本方法.
- 初步建立用生活中的经验和方法解决实际问题的意识.

三、学习重点

学会使用示波器,掌握描述正弦交流电的几个基本物理量,掌握电流、电压及电动势有效值的实际意义.

四、学习难点

有效值的正确理解及相位的意义.

五、学习时数

4学时.

六、任务书

项目	交流电路的安装和测量1		时间	1学时
工具材料	200V交流电源,15W/~220V白炽灯一只,开关一只,导线若干,示波器一台,万用表一只			
操作要求	1. 按图7-1所示电路原理图联接该照明电路. 2. 开关S闭合,用示波器测量电路中的负载电压、电源电压和电流波形;用万用表测量电路中的负载电压、电源端电压和电流大小.		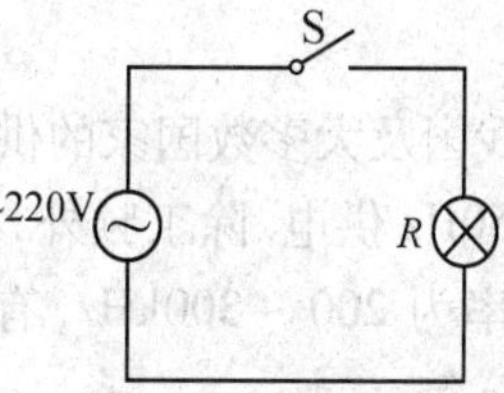 图7-1 项目7	
测量记录	物理量	电流 i/A	负载电压 u_R/V	电源端电压 u/V
	量值			
	波形			
计算与思考	1. 归纳电路的特点. 2. 仔细观察波形,理解正弦量的周期、频率、幅值、瞬时值及相位等物理量. 3. 将幅值(最大值)与实测值进行比较,以加深对有效值的理解.			
体会				
注意事项	1. 注意用电安全. 2. 本项目是学习交流电路的第一次专业操作,因此要认真对待,以掌握良好的学习和操作方法.特别要明白:"知识链接"中的知识学习是为了有效地完成项目任务,项目任务的完成是为了更好地掌握知识和提高技能. 3. 归纳电路的特点,主要是从观察的波形中弄清电流和电压的大小、方向及变化关系,掌握测量数据的实际意义. 4. 建议1~2人一组进行实验.			

七、知识链接

由任务书里的实验可知,正弦交流电的波形如图7-2所示(以电动势为例),其一般数学表达式为

$$e = E_m \sin(\omega t + \varphi_e) \qquad (7-1)$$

式中,e 称为正弦交流电动势的瞬时值,E_m 称为最大值,ω 称为角频率,φ_e 称为初相位角. 由式(7-1)可知,若最大值、角频率及初相位角一经确定,则 e 随时间 t 的变化关系也就惟一确定了,所以这三个量被称为正弦交流电的三要素.

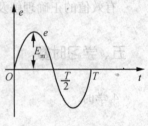

图 7-2 正弦交流电动势的波形

1. 周期、频率和角频率

交流电变化一次所需要的时间称为周期,用 T 表示,单位是秒(s).

交流电每秒重复变化的次数称为频率,用 f 表示,单位是赫兹(Hz). 由定义可知,周期和频率互为倒数关系,即

$$f = \frac{1}{T} \qquad (7-2)$$

我国及大多数国家的供电电源频率为50Hz,称为工频. 还有少数国家(如日本、美国等)采用60Hz供电. 除工频外,在各种不同的技术领域中还使用着不同的频率,如高频感应电炉的频率为 200~300kHz,有线通信的频率为 300~500Hz,无线电通信的频率为 30kHz~30MHz 等.

交流电每秒变化的电角度称为角频率,用 ω 表示,单位是弧度/秒(rad/s). 所谓电角度,是指交流电在变化过程中所经历的电气角度,它并不表示任何空间位置,交流电每变化一次即变化了 2π 弧度. 因此,角频率和频率之间有如下关系:

$$\omega = \frac{2\pi}{T} = 2\pi f \qquad (7-3)$$

【例7-1】 我国电力工业交流电的频率 $f = 50$Hz,求其周期 T 和角频率 ω.

解
$$T = \frac{1}{f} = 0.02\text{s}$$
$$\omega = 2\pi f = 2 \times 3.14 \times 50 \text{rad/s} = 314 \text{rad/s}$$

小知识　　我国电力简介

我国电力工业发展迅速,1987年我国发电总量为4 973亿千瓦时,2008年已达到34 334亿千瓦时. 目前,我国发电装机容量突破了 8 亿千瓦. 除火力发电、水力发电外,还有风力发电、太阳能发电、潮汐发电、地热发电等.

2. 瞬时值、最大值和有效值

交流电在变化过程中任一瞬时的数值称为瞬时值,它是随时间变化的量,用英文小写字母表示,如用 i、u、e 分别表示交流电的电流、电压及电动势的瞬时值.

数值最大的瞬时值称为交流电的最大值(也称幅值、峰值),如用 I_m、U_m、E_m 分别表示交流电的电流、电压及电动势最大值. 正弦交流电在一个周期内出现两次最大值.

瞬时值或最大值只是一个特定瞬间的数值,都不能用来计量正弦交流电. 在实际应用中通常都采用有效值来计量正弦交流电. 交流电器设备铭牌上的参数,交流电压表和电流表显示的数值也都是有效值. 正弦交流电的有效值用英文大写字母表示,与直流电相同,如用 I、U、E 分别表示交流电的电流、电压及电动势的有效值.

有效值是根据电流的热效应定义的,即某一交流电流 i 与另一直流电流 I 在相同时间内通过一只相同的电阻 R 时,所产生的热量如果相等,就把这个直流电的电流数值定义为该交流电的电流有效值. 根据这一定义,有

$$I^2RT = \int_0^T i^2 R dt \tag{7-4}$$

即

$$I = \sqrt{\frac{1}{T}\int_0^T i^2 dt} \tag{7-5}$$

式中,T 为交流电的周期. 由此可知,交流电的有效值就是其方均根值. 设 $i = I_m \sin\omega t$,并代入式(7-5),得

$$I = \sqrt{\frac{I_m^2}{T}\int_0^T \sin^2\omega t dt} \tag{7-6}$$

积分,得

$$I = \frac{I_m}{\sqrt{2}} = 0.707 I_m \tag{7-7}$$

同理可得,正弦交流电电压及电动势的有效值分别为

$$U = \frac{U_m}{\sqrt{2}} = 0.707 U_m \tag{7-8}$$

$$E = \frac{E_m}{\sqrt{2}} = 0.707 E_m \tag{7-9}$$

由此可见,正弦交流电的有效值等于其最大值的 0.707 倍.

3. 相位、初相位和相位差

交流电是时间的函数,在不同的时刻就有不同的值. 由正弦交流电的一般表达式(以电流为例)$i = I_m \sin(\omega t + \varphi_i)$ 可知,在不同的时刻 $(\omega t + \varphi_i)$ 也不同,$(\omega t + \varphi_i)$ 代表了正弦交流电变化的进程,称为相位角,简称相位. $t = 0$ 时对应的相位称为初相位或初相位角. 对于同一正弦交流电,所选的计时起点不同,初相位也不同.

两正弦交流电的相位之差,称为相位差,用 φ 表示. 显然,两个同频率的正弦交流电的相位差就是初相位之差. 所以,两同频率的正弦交流电如果初相位不同,在变化过程中不仅一先一后,而且永远保持着这一差距. 如图7-3 所示,两正弦交流电流的表达式分别为

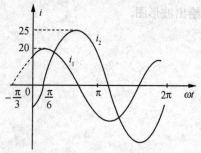

图 7-3　正弦电流相位差

$$i_1 = 20\sin(\omega t + 60°)\text{A}, i_2 = 25\sin(\omega t - 30°)\text{A}$$

它们的相位差为

$$\varphi = (\omega t + 60°) - (\omega t - 30°) = 90°$$

从波形图上可以看出,i_1 总比 i_2 先达到相应的最大值或零值,这种情况称为 i_1 导前于 i_2,或称 i_2 滞后 i_1. 当相位差为零时,称为同相. 当相位差为 $\pm\pi$ 时,称为反相. 习惯上取相位差的绝对值小于 π,即 $-\pi \leq \varphi \leq \pi$.

当两个同频率的正弦交流电计时起点($t=0$)改变时,它们的相位和初相位也随之变化,但是两者的相位差始终不变. 在分析计算时一般也只需考虑它们的相位差,并不在意它们各自的初相位. 为了简单起见,可令其中一个正弦量为参考正弦量,即把计时起点选在使得这个正弦量的初相位为零,其他正弦量的初相位则可由它们与参考正弦量的相位差推出.

【例 7-2】 某交流电压 $u = 310\sin(314t + 30°)\text{V}$,写出它的最大值、角频率和初相位,并求其有效值和 $t = 0.1\text{s}$ 时的瞬时值.

解 由 $u = 310\sin(314t + 30°)\text{V}$ 知

$$U_m = 310\text{V}, \omega = 314\text{rad/s}, \varphi_u = 30°$$
$$U = 0.707 U_m = 0.707 \times 310\text{V} = 220\text{V}$$
$$u = 310\sin(314 \times 0.1 + 30°)\text{V} = 310\sin(10\pi + 30°)\text{V} = 155\text{V}$$

小知识   **交流电简史**

在法拉第 1831 年发现电磁感应现象后的第二年,第一台最简单的交流发电机就已问世,然而交流电开始得到广泛应用还是在 19 世纪 80 年代以后,那时相继发明了变压器、异步电动机等;交流电路理论也随着这些应用的需要而逐步建立,如用相量表示正弦量的方法就是 1893 年 C.P. 施泰因梅茨提出的.

八、优化训练

7-1   已知 $u_1 = 220\sqrt{2}\sin(314t + 30°)\text{V}$,$u_2 = 380\sqrt{2}\sin(314t - 60°)\text{V}$. 试写出它们的最大值、有效值、相位、初相位、角频率、频率、周期及两正弦量的相位差. 并说明哪个量导前.

7-2   试写出图 7-2 给出的电动势波形的解析式.

7-3   已知某正弦电压的最大值为 310V,频率为 50Hz,初相位为 $\dfrac{\pi}{4}$. 试写出其解析式,并绘出波形图.

课题八

正弦交流电的表示法及运算

一、学习指南

正弦量有最大值、频率和初相位三个要素,而这三个要素可以用一些方法表示出来.本课题从联接简单的交流电路入手,通过测试交流电压、电流的波形和测量电压、电流的大小,不仅能使读者深刻地意识到交流电路的电压、电流都是随时间变化的,同时还能使读者认识到交流电路的各物理量的合成不是简单的代数关系.

本课题中的正弦量表示法及其运算是分析和计算正弦交流电路的数学工具,它对今后深入学习电工知识有着重要的意义.

二、学习目标

- 理解并掌握交流电路中电流、电压和电动势等物理量的几种表示法,尤其是正弦交流电的相量表示.
- 掌握相量式的加减运算及相量图的合成.
- 熟练掌握示波器的使用方法.
- 初步建立用生活中的经验和方法解决实际问题的意识.

三、学习重点

熟练掌握示波器的使用方法,掌握正弦交流电路中电流、电压和电动势等物理量的几种表示法,尤其是交流电的相量表示.

四、学习难点

用相量表示正弦量,相量式的加减运算及相量图的合成运算.

五、学习时数

4 学时.

六、任务书

项目	交流电路的安装和测量2		时间	1 学时
工具材料	220V 交流电源,4.7μF/～220V 电容器一只,15W/～220V 白炽灯一只,开关一只,导线若干,示波器一台,万用表一只			
操作要求	1. 按图8-1 所示的电路原理图联接电路. 2. 开关S闭合,用示波器测量电路中的电流和电压波形;用万用表测量电路中的总电流、总电压大小及R两端电压、C两端电压大小.		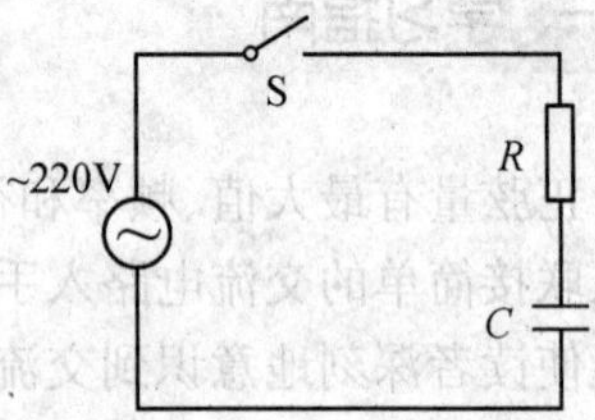 图8-1 项目8	
测量记录	物理量	R电压u_R/V	C电压u_C/V	总电压u/V	电流i/A
	量值				
	波形				
计算与思考	1. 归纳电路的特点. 2. 仔细观察波形,明确总电压、分电压及电流的频率特点;观察各量的初相位. 3. 把实测的总电压大小与分电压大小进行比较,从而明确它们之间不是简单的代数加减关系.				
体会					
注意事项	1. 注意用电安全. 2. 建议1～2人一组进行实验.				

七、知识链接

正弦交流电的特征可以用它的三要素来反映,一旦三要素被确定,就有一个惟一的正弦量与之对应,而其余各量都与这三要素相关联.所以,对正弦交流电路的计算实际上就是对它们的三要素进行计算.

1. 波形图表示法

用波形图表示正弦量,如图7-2所示的正弦交流电动势,从图中可以明显看出正弦量的三要素. 当然,也可以根据给出的三要素作出正弦量的波形.

2. 三角函数式表示法

用三角函数式表示正弦量,如式(7-1)所示的正弦交流电动势,从式中也可以明显看出正弦量的三要素. 当然,也可以根据给出的三要素写出正弦量的三角函数式(即解析式).

【**例 8-1**】 在图 8-2 所示的电路中,设

$$i_1 = I_{1m}\sin(\omega t + \varphi_1), i_2 = I_{2m}\sin(\omega t + \varphi_2)$$

试求总电流 i.

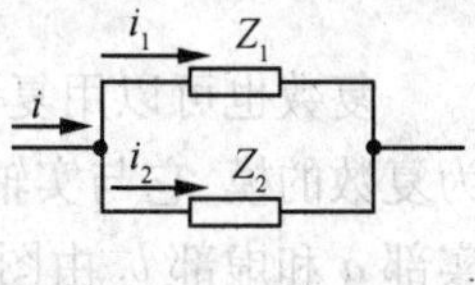

解
$$\begin{aligned}
i &= i_1 + i_2 \\
&= I_{1m}\sin(\omega t + \varphi_1) + I_{2m}\sin(\omega t + \varphi_2) \\
&= I_{1m}(\sin\omega t\cos\varphi_1 + \cos\omega t\sin\varphi_1) + I_{2m}(\sin\omega t\cos\varphi_2 + \cos\omega t\sin\varphi_2) \\
&= (I_{1m}\cos\varphi_1 + I_{2m}\cos\varphi_2)\sin\omega t + (I_{1m}\sin\varphi_1 + I_{2m}\sin\varphi_2)\cos\omega t \\
&= I_m\sin(\omega t + \varphi)
\end{aligned}$$

其中
$$I_m = \sqrt{(I_{1m}\cos\varphi_1 + I_{2m}\cos\varphi_2)^2 + (I_{1m}\sin\varphi_1 + I_{2m}\sin\varphi_2)^2}$$

$$\varphi = \arctan\frac{I_{1m}\sin\varphi_1 + I_{2m}\sin\varphi_2}{I_{1m}\cos\varphi_1 + I_{2m}\cos\varphi_2}$$

图 8-2 例 8-1 图

从例 8-1 可看出,合成电流的频率与两个分电流的频率相同. 可以证明,当交流电路中的激励是正弦量时,所有响应也都是同频率的正弦量. 这就是说,同频率的正弦量相加减,其频率不变. 至于最大值(或有效值)和初相位这两个要素的求解,若是采用此方法显然是相当繁琐的. 因此,需要有一种能简便计算正弦量的新方法——正弦量的相量表示法,它是用来分析、计算正弦交流电路的一种数学工具.

3. 相量表示法

用相量表示对应的正弦量称为相量表示法,而表示正弦量的复数称为相量. 下面先回顾一下复数及其运算.

如图 8-3 所示的直角坐标系,以横轴为实轴,单位为 $+1$,纵轴为虚轴,单位为 $+j$,$j = \sqrt{-1}$. 实轴和虚轴构成的平面称为复平面. 复平面上任何一点对应一个复数,同样一个复数对应复平面上的一个点. 图 8-3(a)中 P_1、P_2 和 P_3 点分别对应的复数为 $(4+j3)$、$(-4+j3)$ 和 $(-3-j2)$. 复数的一般式为

$$A = a + jb \tag{8-1}$$

式中,a 称为复数的实部,b 称为复数的虚部,式(8-1)称为复数的直角坐标式,又称复数的代数表达式.

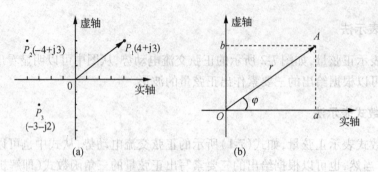

图 8-3 复平面上的复数

复数也可以用复平面上的有向线段来表示,如图 8-3(b)中的有向线段 A,它的长度 r 称为复数的模,它与实轴之间的夹角 φ 称为复数辐角,它在实轴和虚轴上的投影分别为复数的实部 a 和虚部 b。由图可得

$$a = r\cos\varphi \tag{8-2}$$
$$b = r\sin\varphi \tag{8-3}$$
$$r = \sqrt{a^2 + b^2} \tag{8-4}$$
$$\varphi = \arctan\frac{b}{a} \tag{8-5}$$

因此,式(8-1)又可写成

$$A = r\cos\varphi + jr\sin\varphi \tag{8-6}$$

此式称为复数的三角式。根据欧拉公式

$$e^{j\varphi} = \cos\varphi + j\sin\varphi \tag{8-7}$$

复数 A 还可写成指数形式,即

$$A = re^{j\varphi} \tag{8-8}$$

为了简便,工程上又常写成极坐标形式,即

$$A = r\underline{/\varphi} \tag{8-9}$$

复数的代数式、三角式、指数式和极坐标式可以用式(8-2)、式(8-3)、式(8-4)和式(8-5)相互变换。在一般情况下,复数的加减运算采用代数式较为方便,乘除运算采用指数式或极坐标式较为方便。设 $A_1 = a_1 + jb_1 = r_1\underline{/\varphi_1} = r_1 e^{j\varphi_1}$,$A_2 = a_2 + jb_2 = r_2\underline{/\varphi_2} = r_2 e^{j\varphi_2}$,其四则运算法则如下:

加法:$A_1 + A_2 = (a_1 + a_2) + j(b_1 + b_2)$

减法:$A_1 - A_2 = (a_1 - a_2) + j(b_1 - b_2)$

乘法:$A_1 \cdot A_2 = r_1 r_2 \underline{/(\varphi_1 + \varphi_2)} = r_1 r_2 e^{j(\varphi_1 + \varphi_2)}$

除法:$\dfrac{A_1}{A_2} = \dfrac{r_1}{r_2} \underline{/(\varphi_1 - \varphi_2)} = \dfrac{r_1}{r_2} e^{j(\varphi_1 - \varphi_2)}$

为方便正弦量的运算,可以借助"复数"这一数学工具,但正弦量绝不等于复数,它仅仅是复数的虚部。为了与一般的复数区别,规定用大写字母上面加"·"来表示正弦量对应的相量。

例如,正弦电流 $i = I_m \sin(\omega t + \varphi_i)$ 的相量表示为

$$\dot{I}_m = I_m \underline{/\varphi_i}$$

正弦交流电的大小通常用有效值来计量,因此用有效值作为相量的模更为方便,并称之为有效值相量。有效值相量用表示正弦交流电有效值的字母上加"·"来表示。

例如，正弦电压 $u = U_m\sin(\omega t + \varphi_u)$ 的有效值相量表示为

$$\dot{U} = U\angle\varphi_u$$

式中，U 是 u 的有效值。以后本书中使用的都是有效值相量。

【例 8-2】 已知交流电压 $u_1 = 220\sqrt{2}\sin 314t\,\text{V}, u_2 = 380\sqrt{2}\sin(314t - 60°)\,\text{V}$，试写出它们的相量式。

解 $\dot{U}_1 = 220\angle 0°\,\text{V}, \dot{U}_2 = 380\angle -60°\,\text{V}$

【例 8-3】 已知电压相量 $\dot{U} = 110\angle 45°\,\text{V}$，电流相量 $\dot{I} = 36\angle -30°\,\text{A}$，角频率 $\omega = 314\,\text{rad/s}$。试写出对应的解析式。

解 $u = 110\sqrt{2}\sin(314t + 45°)\,\text{V}, i = 36\sqrt{2}\sin(314t - 30°)\,\text{A}$

相量在复平面的几何表示（即有向线段）称为相量图。相量的模为正弦交流电的有效值，相量的辐角为正弦交流电的初相位。只有同频率的正弦量对应相量的图才能画在同一复平面上。作相量图时，往往省去坐标轴。

【例 8-4】 试画出【例 8-3】中的电压和电流的相量图。

解 【例 8-3】中的电压和电流相量图如图 8-4 所示。可以证明，两个同频率的正弦量和的相量等于这两个正弦量的相量的和。这就是说，同频率的正弦量相加减，可以使用其对应的相量（亦即复数）进行运算。

【例 8-5】 试用相量法计算图 8-2 所示的电路中的总电流 i，已知

$$i_1 = 100\sqrt{2}\sin(\omega t + 45°)\,\text{A}, i_2 = 60\sqrt{2}\sin(\omega t - 30°)\,\text{A}$$

图 8-4 例 8-3 的相量图

解 用相量表示 i_1、i_2。

$$\dot{I}_1 = 100\angle 45°\,\text{A}, \dot{I}_2 = 60\angle -30°\,\text{A}$$

把正弦量的运算转换成对应的相量代数运算。

$$\begin{aligned}\dot{I} &= \dot{I}_1 + \dot{I}_2 \\ &= 100\angle 45°\,\text{A} + 60\angle -30°\,\text{A} \\ &= [(100\cos 45° + j100\sin 45°) + (60\cos 30° - j60\sin 30°)]\,\text{A} \\ &= [(70.7 + j70.7) + (52 - j30)]\,\text{A} \\ &= [122.7 + j40.7]\,\text{A} \\ &= [129\angle 18°20']\,\text{A}\end{aligned}$$

把 $\dot{I}$ 相量式转换成正弦量：

$$i = 129\sqrt{2}\sin(\omega t + 18°20')\,\text{A}$$

对应的相量图如图 8-5 所示，其合成满足平行四边形法则。

作为非电专业的学习内容，本书涉及的电路计算往往较为简单，常常仅需要计算电流、电压的有效值，即有效值相量的模，这时可以根据相量图中各量的几何关系直接求，而无需应用复数运算。

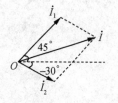

图 8-5 例 8-5 的相量图

小知识　　高压输电简介

一般大型发电机组发电电压是 10kV 左右.输电时要将其电压升高到 110kV、220kV、330kV 或 550kV 后经高压架空线输出,到了用电区,又把电压逐级降下来.

高压直流输电主要用于远距离大功率输电、海底电缆输电、非同步运行的交流系统之间的联络等方面.我国三峡至华南、华东的两条 500kV 直流输电线路已经并网运行.

八、优化训练

8-1　试用波形图、相量图及相量式表示课题七优化训练 7-1 中的两正弦量.

8-2　试用相量求解法求出课题七优化训练 7-1 中的两正弦量之和.

8-3　已知两正弦电压分别为 $u_1 = 220\sqrt{2}\sin(\omega t + 45°)$ V,$u_2 = 110\sqrt{2}\sin(\omega t - 45°)$ V.求 $\dot{U} = \dot{U}_1 + \dot{U}_2$,并写出 u 的瞬时值表达式.

8-4　两同频率的正弦电流 i_1、i_2 的有效值分别为 30A 和 40A.问:(1)当 i_1、i_2 的相位差为多少时,$i_1 + i_2$ 的有效值为 70A?(2)当 i_1、i_2 的相位差为多少时,$i_1 + i_2$ 的有效值为 10A?(3)当 i_1、i_2 的相位差为多少时,$i_1 + i_2$ 的有效值为 50A?(4)当 i_1、i_2 的相位差为 120° 时,$i_1 + i_2$ 的有效值是多少?

课题九

单一参数正弦交流电路

一、学习指南

任何复杂的交流电路都可以等效成由电阻(R)、电感(L)和电容(C)这三种基本元件组合而成的.因此,要认清交流电路的基本规律,必须首先认清R、L和C这三种基本元件在交流电路中的作用.本课题从联接最简单的交流电路入手,通过测试交流电压、电流的波形和测量电压、电流的大小,使读者深刻地意识到在单一参数的交流电路中,电压、电流之间不仅其大小存在一定的关系.

本课题中新引入的物理量及各物理量之间的关系亦是电工技术和电子技术的基础,对今后深入学习电工电子知识有着重要的意义.

二、学习目标

● 理解并掌握纯电阻电路、纯电感电路及纯电容电路的电压和电流的量值关系、相位关系及相量关系,理解并掌握纯电阻电路、纯电感电路及纯电容电路的有功功率和无功功率.
● 熟练掌握万用表及示波器的使用方法.
● 掌握安装和分析电路的基本方法.
● 建立用生活中的经验和方法解决实际问题的意识.

三、学习重点

纯电阻电路、纯电感电路及纯电容电路的电压和电流的量值关系、相位关系及相量关系,纯电阻电路、纯电感电路及纯电容电路的有功功率和无功功率,感抗和容抗的理解、掌握.

四、学习难点

电压和电流的相位关系及相量关系.

五、学习时数

4学时.

六、任务书

项目	交流电路的安装和测量3		时间	1学时
工具材料	220V 交流电源,4.7μF/～220V 电容器一只,1kΩ/1W 电阻一只,127mH 电感一只,开关一只,导线若干,示波器一台,万用表一只			
操作要求	1. 按图9-1 所示电路原理图联接电路. 2. 开关S闭合,用示波器测量电路中的电压和各电流波形;用万用表测量电路中的电压和各电流大小.		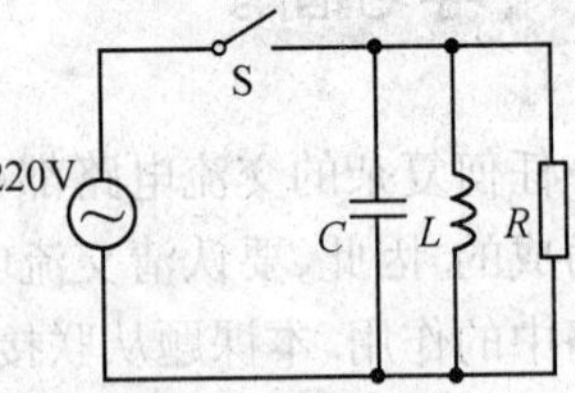 图9-1 项目9	
测量记录	物理量	端电压 u/A	R 电流 i_R/A	L 电流 i_L/A	C 电流 i_C/A
	量值				
	波形				
计算与思考	1. 归纳电路的特点. 2. 仔细观察波形,明确端电压和各电流的频率特点、端电压和各电流的相位特点. 3. 用实测的端电压量值及各电流量值进行计算,并计算 $2\pi fL$ 和 $2\pi fC$,从而找出它们之间的关系.				
体会					
注意事项	1. 注意用电安全. 2. 由于电感线圈有一定的电阻,所以该支路的电压、电流存在偏差. 3. 建议1～2人一组进行实验.				

七、知识链接

在交流电路中,电压、电流都是随时间变化的,电路中的功率、电场和磁场也都随时间在变化.因此,在分析计算交流电路时,电阻、电感和电容这三个参数都必须考虑,纯电阻、纯电感和纯电容是组成电路模型的理想元件,各种实际的电工、电子元件及设备均可用这三种元件来等效.

1. 纯电阻电路

图9-2(a)为纯电阻交流电路,电压 u_R 和电流 i_R 的参考方向如图中所示.

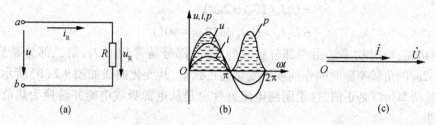

图9-2 纯电阻电路

(1) 电压和电流的关系

假设电压为

$$u_R = U_{Rm}\sin\omega t$$

这里为了简便且又不失一般性,选择了 $\varphi_u = 0$.

根据欧姆定律,有

$$i_R = \frac{u_R}{R} = \frac{U_{Rm}}{R}\sin\omega t = I_{Rm}\sin\omega t$$

由此可得

① 电压和电流为同一频率的正弦量.

② 电压和电流的大小关系为

$$I_{Rm} = \frac{U_{Rm}}{R}$$

将上式等号两边同除以 $\sqrt{2}$,则得到电压、电流的有效值关系为

$$I_R = \frac{U_R}{R} \tag{9-1}$$

③ 电压和电流的相位关系为

$$\varphi_R = \varphi_u - \varphi_i = 0 \tag{9-2}$$

即电压和电流同相位.

④ 电压和电流的相量关系为

$$\dot{I}_R = \frac{\dot{U}_R}{R} \tag{9-3}$$

(2) 波形图和相量图

电压和电流的波形图如图9-2(b)所示,相量图如图9-2(c)所示.

(3) 功率

① 瞬时功率 p. 由于电阻两端的电压和流过它的电流都随时间变化,所以电阻消耗的功率也随时间变化,瞬时功率就是在任一时刻电阻两端的电压与流过它的电流的乘积.即

$$\begin{aligned} P_R &= u_R i_R \\ &= U_{Rm}\sin\omega t \cdot I_{Rm}\sin\omega t \\ &= 2U_R I_R \sin^2\omega t \\ &= U_R I_R (1-\cos 2\omega t) \\ &= U_R I_R + U_R I_R \sin(2\omega t - 90°) \end{aligned} \qquad (9\text{-}4)$$

由式(9-4)可见,瞬时功率是由两部分组成的,第一部分是常数 $U_R I_R$,第二部分是最大值为 $U_R I_R$、并以 2ω 的角频率随时间作周期性变化的正弦量,其变化曲线如图9-2(b)所示.在一个周期内瞬时功率始终是正值,这说明纯电阻元件总是从电源吸收电能并转换为热能,所以它是耗能元件.

② 平均功率 P. 瞬时功率反映的是功率随时间的变化情况,在实际运用中采用的是平均功率,即交流电在一个周期内平均消耗的功率.

$$\begin{aligned} P_R &= \frac{1}{T}\int_0^T p\,\mathrm{d}t \\ &= \frac{1}{T}\int_0^T U_R I_R (1-\cos 2\omega t)\,\mathrm{d}t \\ &= U_R I_R \end{aligned} \qquad (9\text{-}5)$$

平均功率的单位为瓦(W),工程上也常用千瓦(kW).平均功率反映了电气设备实际消耗的功率,所以又称有功功率,通常电气设备标称的功率都是有功功率.

将式(9-1)代入式(9-5),又可得到有功功率的另外两种表达式:

$$P_R = U_R I_R = I_R^2 R = \frac{U_R^2}{R} \qquad (9\text{-}6)$$

【例9-1】 已知某电烙铁的热态电阻 $R=1\,930\,\Omega$,接在 $u=220\sqrt{2}\sin(314t+46°)\,\mathrm{V}$ 的交流电源上,求流过的电流大小及电烙铁消耗的功率.

解 由 $u=220\sqrt{2}\sin(314t+46°)\,\mathrm{V}$ 可知

$$U=220\,\mathrm{V}$$

所以

$$I_R = \frac{U}{R} = \frac{220}{1\,930}\mathrm{A} \approx 0.114\,\mathrm{A}$$

$$P_R = UI = 220 \times 0.114\,\mathrm{W} \approx 25\,\mathrm{W}$$

实际中的白炽灯、卤钨灯、家用电炉、工业电炉等都可视为纯电阻负载.

小知识 试电笔简介

试电笔是由笔尖、氖泡、碳质电阻串联而成的.使用时用手按笔头,笔尖碰在待测电线上,如果电线与人体之间的电压超过一定值,就会使氖泡电离产生辉光放电,从而可粗略判断电线对人体的电压高低.碳质电阻起限流作用,以免流过人体的电流过大而发生危险.

2. 纯电感电路

一只线圈的电阻若小到可以忽略不计,则这只线圈就可认为是纯电感.图9-3(a)所示为纯电感交流电路,电压 u_L 和电流 i_L 的参考方向如图中所示.

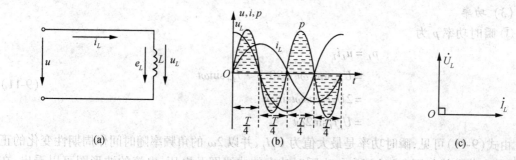

图 9-3 纯电感电路

(1) 电压和电流的关系

纯电感两端如果加直流电压,因其电阻为零,将呈短路状态. 如果加正弦交流电压,电感中将有变化的电流通过,于是电路中就会产生自感电动势 e_L. 设流过电感的电流为

$$i_L = I_{Lm}\sin\omega t$$

于是

$$u_L = -e_L = -\left(-L\frac{di_L}{dt}\right) = L\frac{d}{dt}(I_{Lm}\sin\omega t) = \omega L I_{Lm}\cos\omega t$$
$$= \omega L I_{Lm}\sin(\omega t + 90°) = U_{Lm}\sin(\omega t + 90°)$$

由此可见:

① 电压和电流为同一频率的正弦量.

② 电压和电流的大小关系为

$$U_{Lm} = \omega L I_{Lm}$$

将上式等号两边同除以 $\sqrt{2}$,则得到电压、电流的有效值关系为

$$I_L = \frac{U_L}{\omega L}$$

令

$$X_L = \omega L = 2\pi f L \tag{9-7}$$

则

$$I_L = \frac{U_L}{X_L} \tag{9-8}$$

式中,X_L 称为电感电抗,简称感抗,单位是欧[姆](Ω),它反映了电感对交流电流的阻碍作用. 感抗 X_L 与电阻 R 不同,X_L 是由线圈的电感量 L 和电源的频率 f 共同决定的一个物理量. 同一只电感线圈接在不同频率的电路中,其作用效果不一样,电源频率越高,X_L 越大,I_L 越小;反之亦然. 对于直流电路,$f=0$,从而 $X_L=0$,$I_L\to\infty$. 这说明电感具有通低频、阻高频的特性,因此被称为"低通"元件.

③ 电压和电流的相位关系为

$$\varphi_L = \varphi_u - \varphi_i = 90° \tag{9-9}$$

即电压导前电流 90°. 正是由于这一相位差,才导致了 $\frac{U_L}{I_L} \neq \frac{u_L}{i_L}$.

④ 电压和电流的相量关系为

$$\dot{I}_L = \frac{\dot{U}_L}{jX_L} \tag{9-10}$$

(2) 波形图和相量图

电压和电流的波形图如图 9-3(b)所示,相量图如图 9-3(c)所示.

(3) 功率

① 瞬时功率 p 为

$$\begin{aligned} p_L &= u_L i_L \\ &= U_{Lm}\sin(\omega t + 90°) \cdot I_{Lm}\sin\omega t \\ &= 2U_L I_L \cos\omega t \sin\omega t \\ &= U_L I_L \sin 2\omega t \end{aligned} \quad (9\text{-}11)$$

由式(9-11)可见,瞬时功率是最大值为 $U_L I_L$、并以 2ω 的角频率随时间作周期性变化的正弦量,其变化曲线如图9-3(b)所示. 由瞬时功率的曲线图及电压、电流的波形图可以看出,在电流的第一个 1/4 周期内,U_L、I_L 同号,$p>0$,表明电感在吸收能量,电感把电能转换成磁场能储存起来;在电流的第二个 1/4 周期内,U_L、I_L 异号,$p<0$,表明电感释放能量,电感又把磁场能转换成电能归还给电源. 所以纯电感是储能元件.

② 有功功率(平均功率) P 为

$$\begin{aligned} P_L &= \frac{1}{T}\int_0^T p_L \mathrm{d}t \\ &= \frac{1}{T}\int_0^T U_L I_L \sin 2\omega t \mathrm{d}t \\ &= 0 \end{aligned} \quad (9\text{-}12)$$

纯电感在电路中不消耗电能. 因此,交流电路中的限流元件一般不采用电阻,而选用电感,这样既可利用电感起限流作用,又避免了不必要的能量损耗. 例如,日光灯、电焊机、交流电动机的起动器等都是采用电感元件限流.

③ 无功功率. 虽然纯电感的平均功率为零,但由它的瞬时功率表达式可知,它每时每刻都在与电源进行能量交换. 这个瞬时功率的最大值称为无功功率. 即

$$Q_L = U_L I_L \quad (9\text{-}13)$$

无功功率的单位为乏(var),工程上也常用千乏(kvar).

将式(9-8)代入式(9-13),又可得到无功功率的另外两种表达式:

$$Q_L = U_L I_L = I_L^2 X_L = \frac{U_L^2}{X_L} \quad (9\text{-}14)$$

【例9-2】 一只 80mH 的电感线圈,内阻可忽略不计,现接在 $u = 220\sqrt{2}\sin 100\pi t \text{V}$ 的交流电源上,求流过线圈的电流 i 和无功功率 Q. 若把电源频率变为 500Hz(其他值不变),再求电流大小.

解 由 $u = 220\sqrt{2}\sin 100\pi t \text{V}$ 可知

$$U_L = 220\text{V}, \omega = 100\pi, \varphi_u = 0°$$

所以

$$X_L = 2\pi f L = \omega L = 100\pi \times 80 \times 10^{-3} = 25.12\Omega$$

$$I_L = \frac{U_L}{X_L} = \frac{220}{25.12}\text{A} \approx 8.76\text{A}$$

因为

$$\varphi_L = \varphi_u - \varphi_i = 90°$$

所以

$$\varphi_i = \varphi_u - 90° = -90°$$

所以
$$i_L = 8.76\sqrt{2}\sin(100\pi t - 90°) \text{A}$$
$$Q_L = U_L I_L = 220 \times 8.76 \text{var} = 1927.2\text{var}$$

当 $f = 500\text{Hz}$ 时
$$X_L = 2\pi f L = 2 \times 3.14 \times 500 \times 80 \times 10^{-3} \Omega = 251.2\Omega$$
$$I_L = \frac{U}{X_L} = \frac{220}{251.2}\text{A} \approx 0.876\text{A}$$

小知识　　　　　　　　　　　**电感传感器**

电感传感器能将非电学量的变化变换为线圈电感的变化,再由测量电路将其转换为电压或电流信号.此外,还有电容传感器、应变电阻传感器及热电传感器等,它们都是把被测的非电学量变换成具有一定比例关系的电学量,然后传送给下一级电路进行信号处理,使之适合于显示、记录及与微机联接.

3. 纯电容电路

两只导体电极间用绝缘材料隔开就构成电容器. 图9-4(a)所示为纯电容交流电路,电压 u_L 和电流 i_L 的参考方向如图中所示.

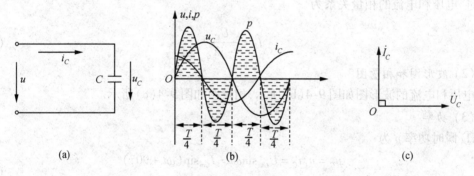

图9-4　纯电容电路

(1) 电压和电流的关系

电容两端如果加直流电压,只有在换路瞬间电路中才会有电流,当电路处于稳态时,电流等于零,呈现开路状态. 如果加正弦交流电,电容将周期性的充、放电,从而电路中就有电流通过. 设加在电容两端的电压为
$$u_C = U_{Cm}\sin\omega t$$
于是
$$i_C = C\frac{du_C}{dt} = C\frac{d}{dt}(U_{Cm}\sin\omega t)$$
$$= \omega C U_{Cm}\cos\omega t = \omega C U_{Cm}\sin(\omega t + 90°)$$
$$= I_{Cm}\sin(\omega t + 90°)$$

由此可见:

① 电压和电流为同一频率的正弦量.

② 电压和电流的大小关系为

$$I_{Cm} = \omega C U_{Cm}$$

将上式等号两边同除以$\sqrt{2}$,则得到电压、电流的有效值关系为

$$I_C = \frac{U_C}{1/\omega C}$$

令

$$X_C = \frac{1}{\omega C} = \frac{1}{2\pi f C} \tag{9-15}$$

则

$$I_C = \frac{U_C}{X_C} \tag{9-16}$$

式中,X_C称为电容电抗,简称容抗,单位是欧[姆](Ω),它反映了电容对交流电流的阻碍作用.容抗X_C与电阻R不同,与感抗X_L也不同,X_C虽然也是由电容的电容量C和电源的频率f共同决定的一个物理量,但它与X_L相反,电源频率f越高,X_C越小,I_C越大;反之,亦然.对于直流电路,$f=0$,从而$X_C \to \infty$,$I_C = 0$.这说明电容具有通高频、阻低频、隔直流的特性,因此被称为"高通"元件.

③ 电压和电流的相位关系为

$$\varphi_C = \varphi_u - \varphi_i = -90° \tag{9-17}$$

即电压滞后电流$90°$.

④ 电压和电流的相量关系为

$$\dot{I}_C = \frac{\dot{U}_C}{-jX_C} \tag{9-18}$$

(2) 波形图和相量图

电压和电流的波形图如图9-4(b)所示,相量图如图9-4(c)所示.

(3) 功率

① 瞬时功率p为

$$\begin{aligned} p_C &= u_C i_C = U_{Cm}\sin\omega t \cdot I_{Cm}\sin(\omega t + 90°) \\ &= 2U_C I_C \sin\omega t \cos\omega t = U_C I_C \sin 2\omega t \end{aligned} \tag{9-19}$$

由式(9-19)可见,瞬时功率是最大值为$U_C I_C$并以2ω的角频率随时间作周期性变化的正弦量,其变化曲线如图9-4(b)所示.由瞬时功率的曲线图及电压、电流的波形图可以看出,在电压的第一个1/4周期内,U_C、I_C同号,$p>0$,表明电容在吸收能量,也就是电源对电容充电,从而电容两极板间建立电场,电容把电能转换成电场能储存起来,当电压达到最大值时,其变化率为零,对电容充电停止;在电压的第二个1/4周期内,U_C、I_C异号,$p<0$,表明电容释放能量,也就是电容放电,电容又把电场能转换成电能归还给电源.所以纯电容也是储能元件.

② 有功功率(平均功率)P为

$$P_C = \frac{1}{T}\int_0^T p_C dt = \frac{1}{T}\int_0^T U_C I_C \sin 2\omega t dt = 0 \tag{9-20}$$

③ 无功功率.与纯电感一样,虽然纯电容的平均功率为零,但它每时每刻都在与电源进行能量交换.这个能量交换也用无功功率来衡量,也是用瞬时功率的最大值来定义.即

$$Q_C = U_C I_C \tag{9-21}$$

将式(9-16)代入式(9-21),又可得到无功功率的另外两种表达式:

$$Q_C = U_C I_C = I_C^2 X_C = \frac{U_C^2}{X_C} \tag{9-22}$$

【例9-3】 一只容量为 50μF 的电容器，现接在 $u = 220\sqrt{2}\sin(100\pi t + 30°)$ V 的交流电源上，求电路中的电流 i 和无功功率 Q_C. 若把电源频率变为 500Hz（其他值不变），电路中的电流大小如何？

解 由 $u = 220\sqrt{2}\sin(100\pi t + 30°)$ V 可知

$$U_C = 220\text{V}, \omega = 100\pi, \varphi_u = 30°$$

所以

$$X_C = \frac{1}{2\pi fC} = \frac{1}{\omega C} = \frac{1}{100\pi \times 50 \times 10^{-6}}\Omega \approx 63.7\Omega$$

$$I_C = \frac{U_C}{X_C} = \frac{220}{63.7}\text{A} \approx 3.45\text{A}$$

因为

$$\varphi_C = \varphi_u - \varphi_i = -90°$$

所以

$$\varphi_i = \varphi_u + 90° = 30° + 90° = 120°$$

所以

$$i_C = 3.45\sqrt{2}\sin(100\pi t + 120°)\text{A}$$

$$Q_C = U_C I_C = 220 \times 3.45 \text{var} = 759 \text{var}$$

当 $f = 500\text{Hz}$ 时，

$$X_C = \frac{1}{2\pi fC} = \frac{1}{2 \times \pi \times 500 \times 50 \times 10^{-6}}\Omega \approx 6.37\Omega$$

$$I = \frac{U}{X_C} = \frac{220}{6.37}\text{A} \approx 34.5\text{A}$$

小知识　　趋肤效应

交变电流通过导体时，其电流密度按截面的分布与直流电不同，越靠近表面，其电流密度越大，即电流趋向于导体的表面流动，这种表面效应称为趋肤效应．交流电的频率越高，趋肤现象就越显著．利用趋肤效应，可以对金属表面淬火或局部淬火．

表9-1 给出了三种基本元件上电压和电流的关系．

表 9-1　纯电阻、纯电感、纯电容元件的电压与电流比较

电路	电压和电流有效值的关系	相位关系	阻抗	阻抗频率特性	功率	电流（设电压为 $u=U_m\sin\omega t$）	相量关系式
u_R, i_R, R	$U_R = I_R R$ $I_R = \dfrac{U_R}{R}$	$\dot{I}_R$ → $\dot{U}_R$ →	电阻 R	R 与 f 无关	$P_R = UI$	$i_R = \dfrac{U_m}{R}\sin\omega t$	$\dot{U}_R = \dot{I}_R R$
u_L, i_L, L	$U_L = I\omega L = IX_L$ $I_L = \dfrac{U}{\omega L} = \dfrac{U}{X_L}$	$\dot{U}_L \perp \dot{I}_L$	感抗 $X_L = \omega L = 2\pi fL$	X_L 正比于 f	$P_L = 0$ $Q_L = I^2 X_L = \dfrac{U^2}{X_L}$	$i_L = \dfrac{U_m}{X_L}\cdot\sin(\omega t - 90°)$	$\dot{U}_L = jX_L \dot{I}_L$
u_C, i_C, C	$U_C = I\dfrac{1}{\omega C} = IX_C$ $I_C = \dfrac{U_C}{\dfrac{1}{\omega C}} = \dfrac{U_C}{X_C}$	$\dot{I}_C \perp \dot{U}_C$	容抗 $X_C = \dfrac{1}{\omega C} = \dfrac{1}{2\pi fC}$	X_C 反比于 f	$P_C = 0$ $Q_C = I^2 X_C = \dfrac{U^2}{X_C}$	$i_C = \dfrac{U_m}{X_C}\cdot\sin(\omega t + 90°)$	$\dot{U}_C = -jX_C \dot{I}_C$

八、优化训练

9-1　10Ω 的理想电阻，接在一交流电压为 $u = 100\sqrt{2}\sin(\omega t + 30°)$ V 的电路中，试写出通过该电阻的电流瞬时值表达式，并计算电阻所消耗的功率 P。

9-2　某一线圈的电感 $L = 255\text{mH}$，其电阻很小可忽略不计，已知线圈两端的电压为 $u = 220\sqrt{2}\sin(314t + 60°)$ V，试计算该线圈的感抗 X_L，写出通过线圈的电流瞬时值表达式，并计算无功功率 Q。

9-3　容量 $C = 31.85\mu\text{F}$ 的纯电容接于频率 $f = 50\text{Hz}$ 的交流电路中，已知流过电容的电流 $i = 2.2\sqrt{2}\sin(\omega t + 90°)$ A，试计算该电容器的容抗 X_C，并写出电容两端电压的瞬时值表达式，计算无功功率 Q。

课题十

电阻、电感和电容串、并联电路

一、学习指南

大多数电器都同时含有电阻和电感,电子技术中的单元电路也往往由电阻、电感和电容三者组合而成,所以分析 RLC 电路具有广泛的代表性. 本课题从联接较为简单的交流电路入手,通过测试交流电压、电流的波形和测量电压、电流的大小,使读者深刻地意识到在 RLC 交流电路中电压、电流的大小和相位之间存在一定的关系. 通过电路联接、测量和思考分析,增强了读者的动手能力和分析能力.

二、学习目标

- 理解并掌握 R、L、C 串联电路的电压和电流的量值关系、相位关系及相量关系;理解复阻抗、有功功率、无功功率和视在功率的意义;掌握串联谐振的特征.
- 理解并掌握感性负载与电容并联电路的电流的运算;掌握感性负载并联电容的特征;理解提高功率因数的意义,并掌握其方法.
- 掌握安装和分析电路的基本方法.
- 建立用生活中的经验和方法解决实际问题的意识.

三、学习重点

R、L、C 串联电路的电压和电流的量值关系、相位关系及相量关系;复阻抗、有功功率、无功功率和视在功率,感性负载并联电容的运算及提高功率因数的方法.

四、学习难点

电压和电流的量值关系、相位关系及相量关系.

五、学习时数

8学时.

六、任务书

项目	交流电路的安装和测量4		时间	2学时
工具材料	220V交流电源,4.7μF/~220V电容器一只,1kΩ/1W电阻一只,127mH电感一只,开关一只,导线若干,示波器一台,万用表一只			
操作要求	1. 按图10-1所示联接电路. 2. 开关S闭合,用示波器测量电路中的电流和电压波形;用万用表测量电路中的电流和电压大小.		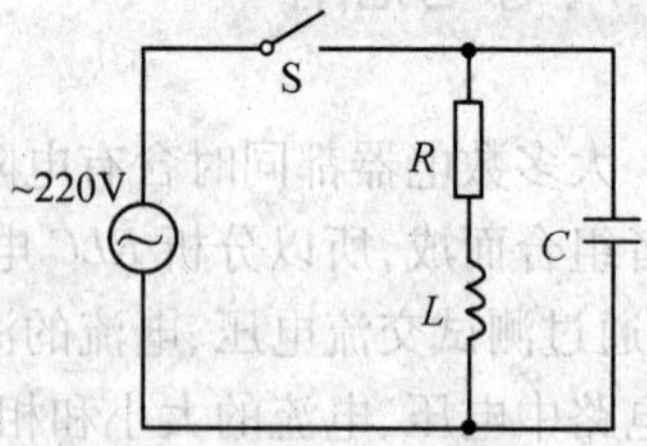 图10-1 项目4	
测量记录	物理量	端电压 u/V	R电压 u_R/V	L电压 u_L/V	电流 i/A	R电流 i_R/A	C电流 i_C/A
	量值						
	波形						
计算与思考	1. 归纳电路的特点. 2. 仔细观察波形,明确各电压和各电流的频率特点,明确端电压和各电流的相位特点. 3. 用实测的电阻电压和电感电压进行相量计算,并与总电压比较. 4. 用实测的电阻电流和电容电流进行相量计算,并与总电流比较.			
体会				
注意事项	1. 注意用电安全. 2. 建议1~2人一组进行实验.			

七、知识链接

各种实际的电工、电子元件及设备往往既有电阻,也有电感和电容,这可以用理想元件建立相应的电路模型进行分析.

1. 电阻、电感和电容串联电路

图 10-2 所示为 R、L、C 串联电路,电压 u 和电流 i 的参考方向如图中所示.

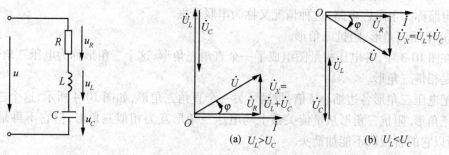

图 10-2　R、L、C 串联电路图　　　图 10-3　R、L、C 串联电路相量图

(1) 电压和电流的关系

① 电压和电流的量值关系.

由于电路是串联的,所以流过 R、L、C 三元件的电流完全相同. 假设电流为

$$i = I_m \sin\omega t \tag{10-1}$$

于是

$$u_R = RI_m \sin\omega t = U_{Rm}\sin\omega t \tag{10-2}$$

$$u_L = X_L I_m \sin(\omega t + 90°) = U_{Lm}\sin(\omega t + 90°) \tag{10-3}$$

$$u_C = X_C I_m \sin(\omega t - 90°) = U_{Cm}\sin(\omega t - 90°) \tag{10-4}$$

由于 $u = u_R + u_L + u_C (U \neq U_R + U_L + U_C)$,故作各电压的相量图并合成,如图 10-3 所示. 得

$$U = \sqrt{U_R^2 + (U_L - U_C)^2}$$
$$= \sqrt{(IR)^2 + (IX_L - IX_C)^2}$$
$$= I\sqrt{R^2 + (X_L - X_C)^2}$$

令

$$z = \sqrt{R^2 + (X_L - X_C)^2} \tag{10-5}$$

则

$$I = \frac{U}{z} \tag{10-6}$$

式中,z 称为阻抗,$X = X_L - X_C$ 称为电抗,单位都是欧[姆](Ω).

② 电压和电流的相位关系.

由电压的相量图(图 10-3)还可求出

$$\varphi = \arctan\frac{U_L - U_C}{U_R}$$
$$= \arctan\frac{IX_L - IX_C}{IR} \tag{10-7}$$
$$= \arctan\frac{X_L - X_C}{R}$$

显然,$\varphi = \varphi_u - \varphi_i$. 由式(10-7)可知,在电源频率 f 一定时,不仅 φ 的大小由电路的参数决定,而且 φ 的正负(即电压是超前电流,还是滞后电流)也与电路的参数有关.

a. 若 $X_L > X_C$,即 $\varphi > 0$,表示电压 u 超前电流 i 一个 φ 角,电感的作用大于电容的作用,这种电路称为感性电路.

b. 若 $X_L < X_C$，即 $\varphi < 0$，表示电压 u 滞后电流 i 一个 φ 角，电感的作用小于电容的作用，这种电路称为容性电路．

c. 若 $X_L = X_C$，即 $\varphi = 0$，表示电压 u 与电流 i 同相位，电感的作用与电容的作用互相抵消，这种电路称为电阻性电路，这种情况又称为串联谐振．

③ 电压三角形、阻抗三角形．

在图 10-3 中，各电压相量图组成了一个直角三角形，这个三角形称为电压三角形．电压三角形是相量三角形．

把电压三角形各边缩小 I 倍，得到了另一个直角三角形，如图 10-4 所示，这个三角形称为阻抗三角形．阻抗三角形从量值关系上与电压三角形互为相似三角形，但它不再是相量三角形，所以它的各线段不能加箭头．

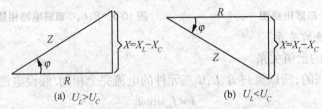

(a) $U_L > U_C$ (b) $U_L < U_C$

图 10-4 R、L、C 串联电路的阻抗三角形

电压三角形（阻抗三角形）不仅能直观地反映出各电压（阻抗）间的几何关系，同时也反映出了各电压（阻抗）与相位差 φ 之间的关系，使得对电路的分析计算更直观．

④ 复阻抗 Z．

由式（10-1）～式（10-4），可得到各电压的相量式为

$$\dot{U}_R = R\dot{I}, \dot{U}_L = jX_L\dot{I}, \dot{U}_C = -jX_C\dot{I}$$

又因为
$$u = u_R + u_L + u_C$$

所以
$$\dot{U} = \dot{U}_R + \dot{U}_L + \dot{U}_C$$

故
$$\dot{U} = R\dot{I} + jX_L\dot{I} - jX_C\dot{I} = [R + j(X_L - X_C)]\dot{I}$$

令
$$Z = R + j(X_L - X_C) \tag{10-8}$$

则
$$\dot{I} = \frac{\dot{U}}{Z} \tag{10-9}$$

式中，Z 称为复阻抗．复阻抗是一个复数，它的实部是电阻，虚部是电抗．复阻抗的模就是阻抗的大小 z，复阻抗的辐角就是电压和电流的相位差 φ．

(2) 功率

① 瞬时功率 p．

$$\begin{aligned}
p &= ui \\
&= U_m\sin(\omega t + \varphi) \cdot I_m\sin\omega t \\
&= 2UI(\sin^2\omega t\cos\varphi + \sin\omega t\cos\omega t\sin\varphi) \\
&= 2UI\left(\frac{1-\cos 2\omega t}{2}\cos\varphi + \frac{1}{2}\sin 2\omega t\sin\varphi\right) \\
&= UI\cos\varphi - UI\cos(2\omega t + \varphi) \\
&= UI\cos\varphi + UI\sin(2\omega t + \varphi - 90°)
\end{aligned} \tag{10-10}$$

由式(10-10)可见,瞬时功率是由两部分组成的,第一部分是常量$UI\cos\varphi$,第二部分是最大值为UI,并以2ω的角频率随时间作周期性变化的正弦量.只要$\cos\varphi \neq 1$,在一个周期内瞬时功率就会出现小于零的情况.

② 有功功率(平均功率)P.

$$P = \frac{1}{T}\int_0^T p\,\mathrm{d}t \tag{10-11}$$

$$= UI\cos\varphi$$

式中,$\cos\varphi$称为电路的功率因数,它是由电路的参数决定的一个物理量.式(10-11)表明,在同样的电压U和电流I之下,如果电路的参数不同,有功功率也不同.

③ 无功功率.

在R、L、C串联电路中,由于L与C反相位,所以电感与电容的瞬时功率符号也始终相反,即当电感吸收能量时,电容正在释放能量;反之,亦然.两者能量相互补偿的差值才是与电源交换的能量,所以电路的无功功率应为

$$Q = Q_L - Q_C = U_L I - U_C I = UI\sin\varphi \tag{10-12}$$

④ 视在功率S.

电路中电压和电流有效值的乘积称为视在功率.即

$$S = UI \tag{10-13}$$

视在功率的单位为伏·安($\mathrm{V \cdot A}$),工程上常用千伏安($\mathrm{kV \cdot A}$).

视在功率并不代表电路中实际消耗的功率,它常用于标称电源设备的容量.因为发电机、变压器等电源设备实际供给负载的功率要由实际运行中负载的性质和大小来定,所以在电源设备的铭牌上只能先根据额定电压、额定电流标出视在功率以供选用.

⑤ 功率三角形.

把电压三角形各边扩大I倍,得到了另一个直角三角形,如图10-5所示,这个三角形称为功率三角形.功率三角形从量值关系上与电压三角形、阻抗三角形都互为相似三角形.由功率三角形很容易得到三功率间的关系为

$$S = \sqrt{P^2 + Q^2} \tag{10-14}$$

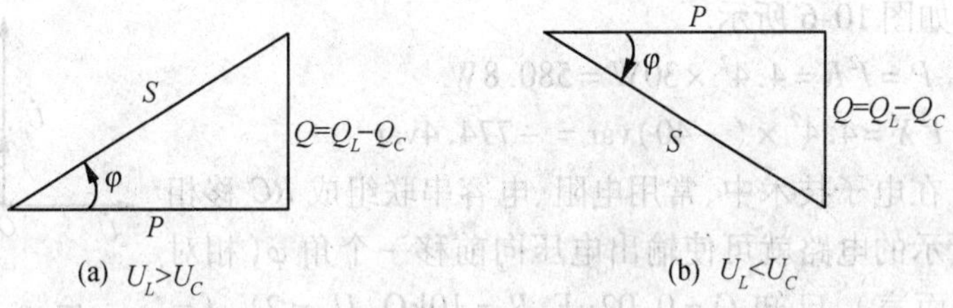

(a) $U_L > U_C$ (b) $U_L < U_C$

图 10-5 R、L、C 串联电路的功率三角形

【**例 10-1**】 有一只40W的日光灯电感镇流器,两端加27V直流电压,测得电流为1A.当电流为0.41A、频率为50Hz的交流电通过它时,测得其电压为164V.求该镇流器的电感L和功率因数$\cos\varphi$.

解 $R = \dfrac{U_{\mathrm{DC}}}{I_{\mathrm{DC}}} = \dfrac{27}{1}\Omega = 27\Omega$,$z = \dfrac{U_{\mathrm{AC}}}{I_{\mathrm{AC}}} = \dfrac{164}{0.41}\Omega = 400\Omega$

又因为$z = \sqrt{R^2 + X_L^2}$,所以

$$X_L = \sqrt{z^2 - R^2} = \sqrt{400^2 - 27^2}\,\Omega \approx 400\,\Omega, L = \frac{X_L}{2\pi f} = \frac{400}{2 \times 3.14 \times 50}\,\text{H} \approx 1.27\,\text{H}$$

由阻抗三角形,得

$$\cos\varphi = \frac{R}{z} = \frac{27}{400} \approx 0.07$$

【例10-2】 在 R、L、C 串联电路中,已知 $R = 30\,\Omega$,$L = 127\,\text{mH}$,$C = 40\,\mu\text{F}$,电源电压 $u = 220\sqrt{2}\sin(314t + 20°)\,\text{V}$.(1)求感抗、容抗及复阻抗;(2)求电流的有效值和瞬时值表达式;(3)求各电压的有效值及瞬时值表达式;(4)作相量图;(5)求电路的有功功率和无功功率.

解 (1)
$$X_L = \omega L = 314 \times 127 \times 10^{-3}\,\Omega \approx 40\,\Omega$$
$$X_C = \frac{1}{\omega C} = \frac{1}{314 \times 40 \times 10^{-6}}\,\Omega \approx 80\,\Omega$$
$$Z = R + j(X_L - X_C) = [30 + j(40 - 80)]\,\Omega = (30 - j40)\,\Omega$$

(2)因为
$$z = \sqrt{R^2 + (X_L - X_C)^2} = \sqrt{30^2 + (-40)^2}\,\Omega = 50\,\Omega$$

所以
$$I = \frac{U}{z} = \frac{220}{50}\,\text{A} = 4.4\,\text{A}$$

因为
$$\varphi = \arctan\frac{X_L - X_C}{R} = \arctan\frac{-40}{30} = -53°$$

由 $\varphi = \varphi_u - \varphi_i$,得
$$\varphi_i = \varphi_u - \varphi = 20° - (-53°) = 73°$$

所以
$$i = 4.4\sqrt{2}\sin(314t + 73°)\,\text{A}$$

(3)
$$U_R = IR = 4.4 \times 30\,\text{V} = 132\,\text{V}$$
$$u_R = 132\sqrt{2}\sin(314t + 73°)\,\text{V}$$
$$U_L = IX_L = 4.4 \times 40\,\text{V} = 176\,\text{V}$$
$$u_L = 176\sqrt{2}\sin(314t + 73° + 90°) = 176\sqrt{2}\sin(314t + 163°)\,\text{V}$$
$$U_C = IX_C = 4.4 \times 80\,\text{V} = 352\,\text{V}$$
$$u_C = 352\sqrt{2}\sin(314t + 73° - 90°)\,\text{V} = 352\sqrt{2}\sin(314t - 17°)\,\text{V}$$

(4)相量图如图10-6所示.

(5)
$$P = I^2 R = 4.4^2 \times 30\,\text{W} = 580.8\,\text{W}$$
$$Q = I^2 X = 4.4^2 \times (-40)\,\text{var} = -774.4\,\text{var}$$

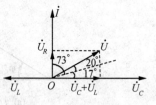

图10-6 例13-2图

【例10-3】 在电子技术中,常用电阻、电容串联组成 RC 移相器.图10-7(a)所示的电路就可使输出电压向前移一个角 φ(相对输入电压的相位而言).已知 $C = 0.02\,\mu\text{F}$,$R = 10\,\text{k}\Omega$,$U_i = 2\,\text{V}$,$f = 2\,000\,\text{Hz}$.求输出电压 U_o 及移动的相位角 φ.

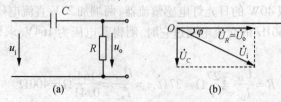

图10-7 例10-3图

解 $X_C = \dfrac{1}{2\pi f C} = \dfrac{1}{2 \times 3.14 \times 2\,000 \times 0.02 \times 10^{-6}}\Omega \approx 3\,980\,\Omega = 3.98\,\mathrm{k}\Omega$

$$z = \sqrt{R^2 + X_C^2} = \sqrt{10^2 + 3.98^2}\,\mathrm{k}\Omega \approx 10.76\,\mathrm{k}\Omega$$

$$I = \dfrac{U_i}{z} = \dfrac{2}{10.76 \times 10^3}\mathrm{A} \approx 0.000\,18\,\mathrm{A} = 0.18\,\mathrm{mA}$$

$$U_o = U_R = IR = 0.18 \times 10^{-3} \times 10 \times 10^3\,\mathrm{V} = 1.8\,\mathrm{V}$$

取电流为基准参量,作电压的相量图,如图10-7(b)所示,得

$$\varphi = \arctan\dfrac{U_C}{U_R} = \arctan\dfrac{X_C}{R} = \arctan\dfrac{3.98}{10} = 21.7°$$

小试身手 　　　　　　　　**白炽灯电路改造**

额定电压为220V的白炽灯串联适当的电容后,再接在220V的交流电源上使用,可以降低加在白炽灯两端的电压,这对延长白炽灯的寿命及降低白炽灯的功耗均是有利的.此法可用于楼内过道、楼梯上下、洗手间等公共场所.

2. 串联谐振

谐振是交流电路中固有的现象,找出产生谐振的条件和特点,以便在实际工作中利用或避免.

(1) 谐振条件

一般情况下,在 R、L、C 串联电路中,电压和电流总是存在着相位差. 由式(10-7)可知,当 $X_L = X_C$ 时,有 $\varphi = 0$.

由于 $X_L = X_C$, 所以 $U_L = U_C$, 从而 $U_R = U$, 此时的各电压及电流的相量图如图10-8所示.

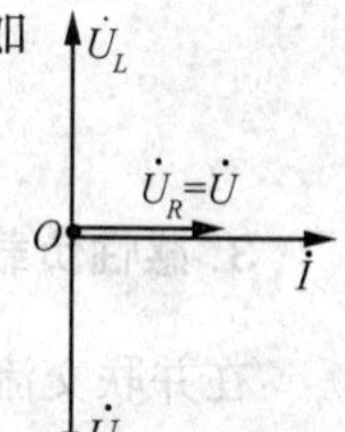

(2) 谐振频率

设电路谐振时的频率为 f_0, 由谐振条件 $X_L = X_C$, 得

$$2\pi f_0 L = \dfrac{1}{2\pi f_0 C}$$

从而

$$f_0 = \dfrac{1}{2\pi\sqrt{LC}} \quad (10\text{-}15)$$

图 10-8 串联谐振时各电压和电流相量

由此可见,电路是否发生谐振,完全取决于电路中的参数 L、C 与电源的频率 f 之间的关系,而与外加电压的大小无关.

(3) 串联谐振电路的特征

① 阻抗最小,电流最大.

当电路发生谐振时, $X_L - X_C = 0$, 从而 $z_0 = \sqrt{R^2 + (X_L - X_C)} = R$ 为最小, $I_0 = \dfrac{U}{z} = \dfrac{U}{R}$ 为最大.

② 电感电压或电容电压可以超过电源电压许多倍.

因为

$$U_L = IX_L = \dfrac{X_L}{R}U, \quad U_C = IX_C = \dfrac{X_C}{R}U$$

所以,当 $X_L = X_C \gg R$ 时,则 $U_L = U_C \gg U$. U_L 或 U_C 与 U 的比值通常用 Q 表示,即

$$Q = \frac{U_C}{U} = \frac{U_L}{U} = \frac{2\pi f_0 L}{R} = \frac{1}{2\pi f_0 CR} \tag{10-16}$$

Q 称为电路的品质因数.

③ 能量互换仅发生在 L 与 C 之间.

由于整个电路呈电阻性,所以电源与电路之间不发生能量互换,电源提供的能量全部被电阻消耗掉.

$$Q_L = I^2 X_L, \quad Q_C = I^2 X_C, \quad Q = Q_L - Q_C = 0$$

(4) 应用实例

在电力线路中,由于电压本来就很高,如果发生谐振,就会使线路中的电感或电容上出现更高的端电压,从而损坏电感或电容,所以要尽量避免谐振现象的发生. 但在无线电通信技术中则经常利用谐振现象. 图 10-9 所示的是收音机调谐电路. 当各地电台发射的电磁波通过收音机天线时,在天线回路中均产生一个微弱的感应电流,但电流的频率各不相同,于是在 LC 回路中便感应出对应的电动势 $e_1, e_2, e_3, \cdots$. 改变可变电容 C 的数值,可使某一频率的信号(电动势)在电路中发生串联谐振,从而使该频率的电台信号在输出端产生最大的输出电压,其他电台的频率由于不发生谐振,在输出端的电压很小,以致可以忽略不计. 此谐振电台信号电压再经放大,就能听到该电台的声音了.

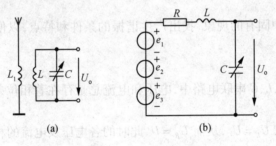

图 10-9 收音机的调谐电路

3. 感性负载和电容并联电路

在并联交流电路中,最典型的就是感性负载与电容并联的电路,如图 10-10(a)所示. 感性负载总可等效成 R、L 串联电路,电容与这类负载并联后对提高功率因数有重要意义.

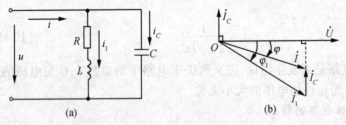

图 10-10 感性负载与电容并联

设感性负载的等效电阻为 R,等效感抗为 X_L,于是

$$I_1 = \frac{U}{z_1} = \frac{U}{\sqrt{R^2 + X_L^2}}$$

$$\varphi_1 = \arctan \frac{X_L}{R}$$

设电容的容抗为 X_C,于是

$$I_C = \frac{U}{X_C}$$

$$\varphi_C = -90°$$

由于 $i = i_1 + i_C$,从而 $\dot{I} = \dot{I}_1 + \dot{I}_C$. 取电压为基准参量,作各电流相量图,如图 10-10(b)所示. 由相量图得

$$I = \sqrt{(I_1\cos\varphi_1)^2 + (I_1\sin\varphi_1 - I_C)^2} \tag{10-17}$$

$$\varphi = \arctan\frac{I_1\sin\varphi_1 - I_C}{I_1\cos\varphi_1} \tag{10-18}$$

由此可见,由于电容的补偿作用,使电路总电流减小了(即 $I < I_1$),整个电路的功率因数提高了(即 $\varphi < \varphi_1$).

电容的容量越大,流过电容的电流 I_C 越大,功率因数提高越多. 但实际中并不要求把功率因数提高到 1,因为这样做投资太大,一般提高到大于 0.9 即可. 如果用过大的电容,也会造成"过补偿",使电路成为容性,功率因数反而降低.

【例 10-4】 有一日光灯和一白炽灯并联,接在电压为 220V、频率为 50Hz 的电源上,如图 10-11(a)所示. 日光灯额定电压 $U_N = 220V$,有功功率 $P_1 = 40W$,功率因数 $\cos\varphi_1 = 0.5$;白炽灯额定电压 $U_N = 220V$,有功功率 $P_2 = 60W$,分别求电流 I_1、I_2、I 及整个电路的功率因数 $\cos\varphi$.

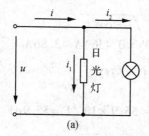
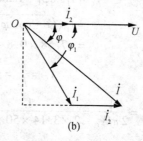

图 10-11 例 10-4 图

解

$$I_1 = \frac{P_1}{U\cos\varphi_1} = \frac{40}{220 \times 0.5}A \approx 0.364A$$

$$I_2 = \frac{P_2}{U} = \frac{60}{220}A \approx 0.273A$$

根据题意作电流的相量图,如图 10-11(b)所示,合成后便可求得

$$\begin{aligned}I &= \sqrt{(I_1\cos\varphi_1 + I_2)^2 + (I_1\sin\varphi_1)^2} \\ &= \sqrt{(0.364 \times 0.5 + 0.273)^2 + (0.364 \times 0.866)^2}A \\ &= 0.553A\end{aligned}$$

$$\cos\varphi = \frac{P}{S} = \frac{P_1 + P_2}{UI} = \frac{40 + 60}{220 \times 0.553} \approx 0.822$$

4. 功率因数的提高

功率因数是指电路中实际消耗的功率 P(有功功率)与电源提供的全部功率 S(视在功率)之比,即 $\cos\varphi = \frac{P}{S}$. 功率因数小于 1 意味着电源提供的电能仅有一部分被电路的负载所消

耗,还有一部分能量在电源与负载之间反复进行交换,即存在无功功率.这不仅使电源设备不能充分利用,而且增加了供电线路的功率损耗.因此,提高电路的功率因数是一个十分重要的课题.

交流用电设备多为感性负载,在使用中除尽量设法提高负载自身的功率因数外(例如,异步电动机要尽量避免空载或轻载运行),主要采取在感性负载两端并联适当电容的办法来提高整个电路的功率因数.并联电容以后,负载的工作状态并没改变,即负载支路的电流、功率因数、有功功率及无功功率等都没变,只是让能量互换主要发生在负载和电容之间,使得整个电路的功率因数得到提高.

【例 10-5】 某感性负载其功率因数为 0.6,接在 220V、50Hz 的电源上,消耗的功率为 1kW(图 10-10),今欲将功率因数提高到 0.9,问应并联多大的电容?

解 感性负载的电流为

$$I_1 = \frac{P}{U\cos\varphi_1} = \frac{1\,000}{220 \times 0.6}A \approx 7.58A$$

并联电容后,电路的总电流为

$$I = \frac{P}{U\cos\varphi} = \frac{1\,000}{220 \times 0.9}A \approx 5.05A$$

电容支路的电流为

$$I_C = I_1\sin\varphi_1 - I\sin\varphi$$
$$= I_1\sqrt{1-\cos^2\varphi_1} - I\sqrt{1-\cos^2\varphi}$$
$$= (7.58 \times 0.8 - 5.05 \times 0.436)A \approx 3.86A$$

所以

$$X_C = \frac{U}{I_C} = \frac{220}{3.86}\Omega \approx 57\Omega$$

$$C = \frac{1}{2\pi f X_C} = \frac{1}{2 \times 3.14 \times 50 \times 57} \approx 55.9 \times 10^{-6}F = 55.9\mu F$$

小知识　常用电光源

电光源中应用最早的是白炽灯,在车间、广场等大范围照明的场所也用卤钨灯,因为它的功率可达 500~2 000W,白炽灯和卤钨灯属纯电阻负载.荧光灯、高压汞灯、高压钠灯的电路中都需串联镇流器才能工作,所以它们是感性负载.近年来,荧光灯的品种日渐增多,功率从几瓦到几十瓦,也有各种不同的管形,而且采用电子镇流器取代了电感镇流器和启辉器.

八、优化训练

10-1　将一线圈接于 20V 的直流电压,消耗的功率是 40W.改接为 220V、50Hz 的交流电压,消耗的功率为 1kW.求线圈的电阻 R 和电感 L.

10-2　日光灯电路如图 10-12 所示,已知灯管电阻 $R=520\Omega$,镇流器电感 $L=1.8H$,镇流器电阻 $r=80\Omega$,电源电压为 220V.求电路的电流、镇流器两端电压 U_1、灯管两端电压 U_2 和电路的功率因数($f=50Hz$).

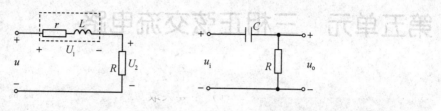

图 10-12 题 10-2 图   图 10-13 题 10-3 图

10-3 图 10-13 所示的 RC 串联电路,试分析输入信号电压 u_i 与输出信号电压 u_o 之间的相位关系.已知 $R=16\text{k}\Omega, C=0.01\mu\text{F}$,试求输入信号电压 u_i 的频率为何值时,U_o 比 U_i 的相位超前 45°?

10-4 有一 R、L、C 串联电路,已知 $R=500\Omega, L=60\text{mH}, C=0.053\mu\text{F}$.试计算电路的谐振频率 f_0.若电源电压为 100V,则谐振时的阻抗 Z_0 和电流 I_0 各为多少?

10-5 图 10-14 所示电路中,已知电源电压 $u=100\sqrt{2}\sin 314t\text{V}$,$i_1=10\sin(314t-45°)\text{A}$,$i_2=5\sqrt{2}\sin(314t+90°)\text{A}$.试求各电表的读数及电路的参数 R、L、C.

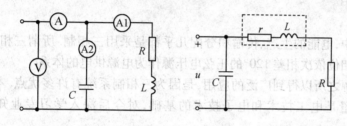

图 10-14 题 10-5 图   图 10-15 题 10-6 图

10-6 今有一日光灯接于电源电压为 220V、频率为 50Hz 的交流电源上,如图 10-15 所示.今测得灯管两端的电压为 90V,电流 $I=0.4\text{A}$,镇流器消耗的功率为 6W,则:(1)求灯管电阻 R 及镇流器电阻 r 和电感 L;(2)求电路的总有功功率和功率因数;(3)欲将电路的功率因数提高到 0.85,需并联多大的电容?(4)画出电压与电流的相量图.

第五单元　三相正弦交流电路

课题十一　三相交流电源及负载星形联接分析

一、学习指南

在电力系统中,电能的生产、传输和分配几乎都是采用三相制. 所谓三相制,就是由三个同频率、等幅值、相位依次相差120°的正弦电压源作为电源供电的体系.

三相交流电源之所以得到广泛的应用,是因为三相制系统有许多优点. 本课题中的基本概念和基本物理量是电工技术和电子技术的基础,对今后深入学习专业知识有着重要的意义.

二、学习目标

- 了解三相电源的产生原理,了解对称三相电源的特点.
- 理解相序、正序、逆序的概念.
- 理解三相交流电源绕组的联接.
- 掌握三相负载星形联接电路的分析方法.
- 了解发电、输电的相关知识.

三、学习重点

三相电源的产生原理,对称三相电源的特点,三相负载星形联接电路的分析方法.

四、学习难点

三相负载星形联接电路的分析方法.

五、学习时数

6 学时.

六、任务书

项目	三相对称负载星形联接的测量			时间	2 学时
工具材料	220V、25W 灯泡三只,三相交流电源,万用表一只				
操作要求	1. 按图 11-1 所示电路联接该电路. 2. 下列情况下,用万用表测量电路中的电流: ① 开关 S 闭合; ② 开关 S 打开. 3. 让某一相断开,测量其余二相电流及中线电流. 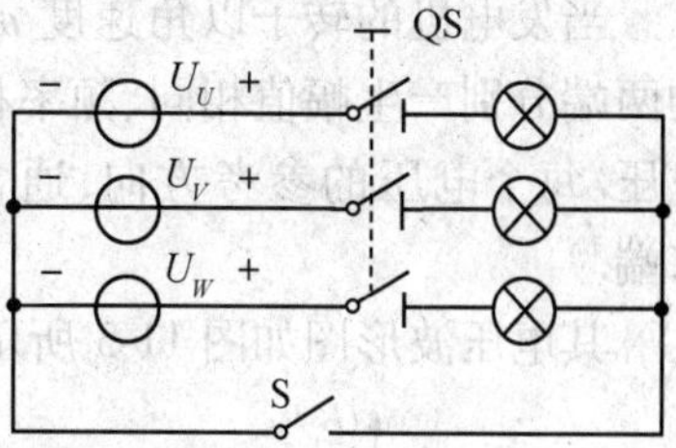			图 11-1 项目 11	
测量记录	各相电压/V	U_U	U_V	U_W	
	各相电流/A	I_U	I_V	I_W	中线电流 I_O
	开关 S 闭合				
	开关 S 打开				
	断开 U 相电				
计算与思考	1. 根据测量结果,计算出中线电流的值,并与实测值进行比较. 2. 中线 S 断开后,对电路工作有无影响? 3. U、V、W 任一相断开后,对其余二相电路工作有无影响?中线电流有何变化?				
体会					
注意事项	1. 三只灯泡要选用功率大小一样的. 2. U、V、W 任一相断开时,注意中线不要断开. 3. 建议 2~3 人为一小组进行实验.				

七、知识链接

1. 三相电源

(1) 三相电源的产生

三相正弦交流电压是由三相发电机产生的. 发电机的内部构造如图 11-2 所示. 在发电机的定子上, 固定有三组完全相同的绕组, 它们的空间位置相差 120°. 其中 U_1、V_1、W_1 为三个绕组的首端, U_2、V_2、W_2 为三个绕组的末端. 其转子是一对磁极, 由于磁极面的特殊形状, 使定子与转子间的空气隙中的磁场按正弦规律分布.

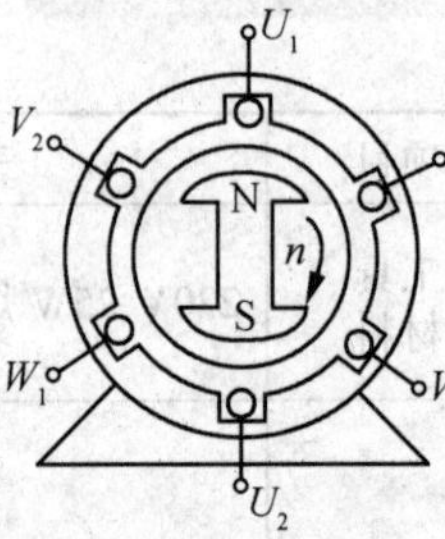

当发电机的转子以角速度 ω 按逆时针方向旋转时, 在三个绕组的两端分别产生幅值相同、频率相同、相位依次相差 120° 的正弦交流电压. 每个电压的参考方向, 通常规定为由绕组的始端指向绕组的末端.

图 11-2 发电机内部构造

其电压波形图如图 11-3 所示, 相量图如图 11-4 所示.

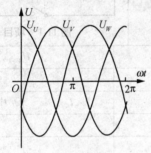

图 11-3 三相正弦电压波形图

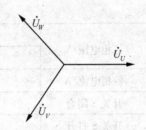

图 11-4 三相电压相量图

若以 $U_U = U_{U_1 U_2}$ 为参考相量, 则三个正弦电压的解析式分别表示为

$$U_U = U_{U_1 U_2} = U_m \sin \omega t$$
$$U_V = U_{V_1 V_2} = U_m \sin(\omega t - 120°)$$
$$U_W = U_{W_1 W_2} = U_m \sin(\omega t + 120°)$$

三个电压的相量表示式为

$$\left. \begin{array}{l} \dot{U}_U = U_m \angle 0° \\ \dot{U}_V = U_m \angle -120° \\ \dot{U}_W = U_m \angle +120° \end{array} \right\}$$

从相量图中不难看出, 这组对称的三相正弦电压的相量和等于零, 也可以通过数学证明如下:

$$\dot{U}_U + \dot{U}_V + \dot{U}_W = U_m \angle 0° + U_m \angle -120° + U_m \angle 120° = U_m \left(1 - \frac{1}{2} - j\frac{\sqrt{3}}{2} - \frac{1}{2} + j\frac{\sqrt{3}}{2} \right) = 0$$

能够提供这样一组对称三相正弦电压的就是对称三相电源. 通常我们所说的三相电源都是指对称的三相电源.

对称三相电压到达正(负)最大值的先后次序称为相序.一般规定,U 相超前于 V 相,V 相超前于 W 相,称为正序或者叫顺序,其中有一相调换都称为逆序.工程上以黄、绿、红三种颜色分别作为 U、V、W 三相的标志色.

本书若无特殊说明,三相电源的相序均是顺序.

(2) 三相电源的星形(Y)联接

通常把发电机的三相绕组的末端 U_2、V_2、W_2 联成一点 N,而把始端 U_1、V_1、W_1 作为外电路相联接的端点,这种联接方法称为三相电源的星形(Y)联接,如图 11-5 所示.从 U_1、V_1、W_1 引出的三根线俗称火线或者叫端线,联接三个末端的节点 N 称为中性点,从中性点引出的导线称为中性线.若三相电路有中性线,则称为三相四线制星形联接;若无中性线,则称为三相三线制星形联接.

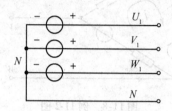
图 11-5　三相电源的星形联接

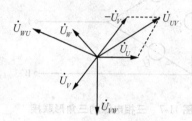
图 11-6　三相电压相量图

在三相星形联接电路中,端线与中性线之间的电压称为相电压,用符号 U_U、U_V、U_W 表示;而端线与端线之间的电压称为线电压,用 U_{UV}、U_{VW}、U_{WU} 表示.规定线电压的方向由 U 线指向 V 线,V 线指向 W 线,W 线指向 U 线.

下面分析对称三相电源星形联接时线电压与相电压的关系.

$$U_{UV} = U_U - U_V, U_{VW} = U_V - U_W, U_{WU} = U_W - U_U$$

用相量形式表示为

$$\dot{U}_{UV} = \dot{U}_U - \dot{U}_V, \dot{U}_{VW} = \dot{U}_V - \dot{U}_W, \dot{U}_{WU} = \dot{U}_W - \dot{U}_U$$

设 $\dot{U}_U = U\angle 0°, \dot{U}_V = U\angle -120°, \dot{U}_W = U\angle 120°$,则

$$\dot{U}_{UV} = \dot{U}_U - \dot{U}_V = \sqrt{3}U\angle 30° = \sqrt{3}\dot{U}_U\angle 30°$$

同理

$$\dot{U}_{VW} = \dot{U}_V - \dot{U}_W = \sqrt{3}U\angle 30° = \sqrt{3}\dot{U}_V\angle 30°$$

$$\dot{U}_{WU} = \dot{U}_W - \dot{U}_U = \sqrt{3}U\angle 30° = \sqrt{3}\dot{U}_W\angle 30°$$

由上式可得,三相对称电路中,线电压的有效值(U_l)是相电压有效值(U_p)的 $\sqrt{3}$ 倍,且线电压的相位超前其所对应的相电压 30°.其相量图如图 11-6 所示.

在三相电路中,三个线电压的关系是

$$\dot{U}_{UV} + \dot{U}_{VW} + \dot{U}_{WU} = \dot{U}_U - \dot{U}_V + \dot{U}_V - \dot{U}_W + \dot{U}_W - \dot{U}_U = 0$$

即三个线电压的相量和总等于零,或三个线电压的瞬时值的代数和恒等于零.

【例 11-1】　星形联接的对称三相电源,线电压 $U_{UV} = 380\sin 314t$ V,试求出其他各线电压及各相电压的解析式.

解　根据星形对称三相电源的特点,可以写出各线电压的解析式如下:

$$U_{VW} = 380\sin(314t - 120°) \text{V}$$

$$U_{WU} = 380\sin(314t + 120°)\text{V}$$

各相电压分别如下：
$$U_U = 220\sin(314t - 30°)\text{V}$$
$$U_V = 220\sin(314t - 150°)\text{V}$$
$$U_W = 220\sin(314t + 90°)\text{V}$$

（3）三相电源的三角形（△）联接

如果将三相发电机的三个绕组依次首尾相连，接成一个闭合回路，则可以构成三角形联接，如图 11-7 所示.

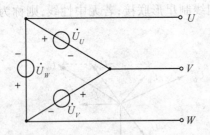

图 11-7 三相电源的三角形联接　　图 11-8 例 11-2 图

由图 11-7 可知，当三相电源作三角形联接时，只能提供三相三线制，而且线电压等于相电压，即

$$\dot{U}_{UV} = \dot{U}_U, \dot{U}_{VW} = \dot{U}_V, \dot{U}_{WU} = \dot{U}_W$$

由对称的概念可知，在任何时刻，三相电压之和为零. 因此，即使是三个绕组接成闭合回路，只要联接正确，在电源内部并没有回路电流. 但是，如果某一相的始端与末端接反，则会在回路中引起环流.

【例 11-2】 三相发电机接成三角形供电，如果误将其中一相接反了，会产生什么后果？如何联接正确？

解 如果将 U 将接反了，如图 11-8 所示，此时，回路中的电流为

$$\dot{I}_S = \frac{-\dot{U}_U + \dot{U}_V + \dot{U}_W}{3\dot{Z}_{SP}} = \frac{-2\dot{U}_U}{3\dot{Z}_{SP}}$$

如图 11-9 所示，此时闭合回路内总电压的大小为 2 倍的相电压. 一般发电机的绕阻的阻抗都很小，故会使发电机绕组过热而损坏.

为了确保电路安全，可以将一电压表（量程为大于 2 倍的相电压）串接在三个绕组回路中，若发电时电压为零，说明联接正确，可以将电压表撤去，再将回路闭合；反之，若电压不为零，说明线路联接有误，需要排查.

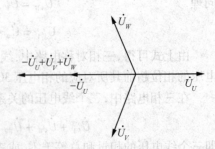

图 11-9 例 11-2 图

2．三相负载

三相负载即三相电源的负载，由互相联接的三个负载组成，其中每个负载称为一相负载.

三相负载的联接方法有两种，即星形（Y）联接和三角形（△）联接.

下面介绍负载的星形(Y)联接.

如图 11-10 所示,是三相四线制供电系统中常见的照明电路和动力电路,包括大量的单相负载(电灯)和对称的三相负载(如电动机). 为了使三相电源负载比较均衡,大批的单相负载一般分成三组,分别接在 U 相、V 相和 W 相之间,组成不对称的三相负载,这种联接方式称为负载的星形联接.

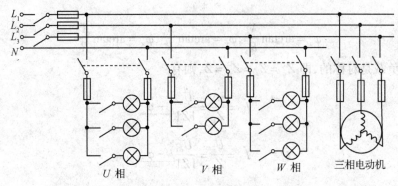

图 11-10 三相四线制供电系统中常见照明电路和动力电路

设 U 相负载的阻抗为 Z_U,V 相负载的阻抗为 Z_V,W 相负载的阻抗为 Z_W,则负载星形联接的三相四线制电路一般表示为图 11-11 所示的电路.

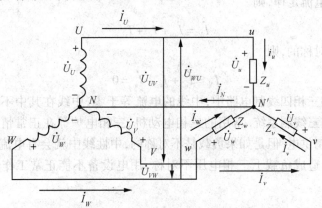

图 11-11 负载的星形联接

负载为星形联接时,电路有如下基本关系:

① 每相负载电压等于电源的相电压.

在图 11-11 电路中,若不计中性线阻抗,则电源中性点 N 与负载中性点 N' 等电位;如果相线的阻抗忽略不计,则每相负载电压等于电源的相电压. 即

$$\dot{U}_u = \dot{U}_U, \dot{U}_v = \dot{U}_V, \dot{U}_w = \dot{U}_W$$

② 相电流等于对应的线电流.

从图 11-11 中可以看出,三相四线制中相电流等于它所对应的线电流. 一般可以写成

$$I_p = I_l$$

③ 各相电流可以分别单独计算:

$$\dot{I}_u = \frac{\dot{U}_u}{Z_u} = \frac{\dot{U}_u}{|Z_u|\underline{/\varphi_u}} = \frac{\dot{U}_u}{|Z_u|}\underline{/-\varphi_u}$$

$$\dot{I}_v = \frac{\dot{U}_v}{Z_v} = \frac{\dot{U}_v}{|Z_v|\underline{/\varphi_v}} = \frac{\dot{U}_v}{|Z_v|}\underline{/-\varphi_v}$$

$$\dot{I}_w = \frac{\dot{U}_w}{Z_w} = \frac{\dot{U}_w}{|Z_w|\underline{/\varphi_w}} = \frac{\dot{U}_w}{|Z_w|}\underline{/-\varphi_w}$$

式中

$$\varphi_u = \arctan\frac{X_u}{R_u}, \varphi_v = \arctan\frac{X_v}{R_v}, \varphi_w = \arctan\frac{X_w}{R_w}$$

若三相负载是对称的,即 $Z_u = Z_v = Z_w = Z$,则有

$$\dot{I}_u = \frac{\dot{U}_u}{Z_u} = \frac{\dot{U}_u}{|Z|}\underline{/-\varphi}$$

$$\dot{I}_v = \frac{\dot{U}_v}{Z_v} = \frac{\dot{U}_v}{|Z|}\underline{/-\varphi}$$

$$\dot{I}_w = \frac{\dot{U}_w}{Z_w} = \frac{\dot{U}_w}{|Z|}\underline{/-\varphi}$$

④ 中线电流等于三相电流之和.

根据基尔霍夫电流定律,则

$$\dot{I}_N = \dot{I}_u + \dot{I}_v + \dot{I}_w$$

若三相负载是对称的,则

$$\dot{I}_N = \dot{I}_u + \dot{I}_v + \dot{I}_w = 0$$

可见,在对称的三相四线制电路中,中线的电流等于零,中线在其中不起作用,可以将中线去掉,而成为三相三线制系统.常用的三相电动机、三相电炉等在正常情况下都是对称的,可以采用三相三线制供电.但是如果负载是不对称的,中性线中就会有电流流过,则中性线是不能除去的,否则会造成负载上三相电压不对称,用电设备不能正常工作,甚至造成电源的损坏.

小常识

一般的照明用具、家用电器等都是采用220V供电,而单相变压器、电磁铁、电动机等既有220V也有380V.这类电器统称为单相负载.若负载的额定电压是220V,就接在相线与中性线之间;若负载额定电压是380V,则接在两根相线之间才能正常工作.另有一类电气设备必须接到三相电源才能正常工作,如三相电动机等.这些三相负载的各相阻抗是对称的,称为对称的三相负载.

在三相四线制中,如果某一相电路发生故障,并不影响其他两相的工作;但如果没有中性线,一旦某一相电路发生故障,则另外两相因为电路电压发生改变,电路负载不能正常工作,甚至发生负载损毁的情况.

由此可见,中性线在三相电路中,不但可以使用户得到两种不同的工作电压,还可以使星形联接的不对称负载的相电压保持对称.因此,在三相四线制供电系统中,为了保证负载的正常工作,在中性线的干线上是绝不准接入保险线、熔断器和开关的,而且要用有足够强度的导

线作中性线.

【例 11-3】 某对称三相电路,负载为 Y 形联接,三相三线制,其电源线电压为 380V,每相负载阻抗 $Z = (8 + j6)\Omega$,忽略输电线路阻抗.求负载每相电流.

解 已知 $U_l = 380$V,负载为星形联接,其电源无论是星形联接还是三角形联接,都可用等效的星形联接的三相电源进行分析.

电源相电压 $U_p = \frac{380}{\sqrt{3}}$V $= 220$V.

设 $\dot{U}_A = 220 \underline{/0°}$ V

则 $\dot{I}_A = \frac{\dot{U}_A}{Z} = \frac{220 \underline{/0°}}{8 + j6}$A $= 22 \underline{/-36.9°}$ A

根据对称性,可得

$$\dot{I}_B = 22 \underline{/-36.9° - 120°} \text{ A} = 22 \underline{/-156.9°} \text{ A}$$

$$\dot{I}_C = 22 \underline{/-36.9° + 120°} \text{ A} = 22 \underline{/83.1°} \text{ A}$$

小知识 发电

水力发电厂简称水电站,它是利用水流的位能来生产电能的.当控制水流的闸门打开时,强大的水流冲击水轮机,使水轮机转动,水轮机带动发电机旋转发电.其能量转换过程是:水流位能→机械能→电能.

火力发电厂简称火电厂,它是利用燃料的化学能来生产电能的.通常的燃料是煤.在火电厂,煤被粉碎成煤粉,煤粉在锅炉的炉膛内充分燃烧,将锅炉内的水加热成高温高压的蒸汽,蒸汽推动汽轮机转动,汽轮机带动发电机旋转发电.其能量的转换过程是:煤的化学能→热能→机械能→电能.

风力发电是将风能转换成电能,风能推动叶轮旋转,叶轮带动转动轴和增速机,增速机带动发电机,发电机通过输电电缆将电能输送至地面控制系统和负荷.风力发电技术是一项多学科的、可持续发展的、绿色环保的综合技术.

风力发电存在着无风时(尤其是夏季白天长、夜间短,太阳光强的季节)不发电的问题,太阳能发电也存在着无阳光时(尤其是冬季白天短、夜长长,北风大的季节)不发电的问题,如果能把风力发电、太阳能发电结合在一起互补发电就解决了这个问题,实现 365 天连续供电.

风能和太阳能的利用和发展已有三千多年的历史,它是一门古老而又年青的科学,实用而又和生活关系密切的科学,可再生而又能保护环境的科学,现实而又可持续发展的科学,其项目可一次投资多年受益.在众多新能源领域中,风力发电和太阳能发电的开发和利用被首当其冲优先发展,是当今国际上的一大热点,因为风电和光电的利用,不用开采、不用运输、不用排放垃圾、没有环境污染.

风力发电和太阳能发电从生产到回收处理的整个过程都不产生任何污染,它既可以增加电力供应,又可以减少燃料带来的环境污染,从而起到保护地球生态环境的作用,是真正的绿色能源. 以 2000 年为例,我国年风力发电总量为 7.01GW,代替火电可直接节约标准煤 278 800t,减少 5 668.5t SO_2 的排放,减少 718 653t CO_2 的排放,减少 8 986t NO_x 的排放,减少 251t 飘尘排量 MTSP,节水 12.8 亿吨.而且由于其减少空气污染而带来的间接效益则更是巨大.

核能发电厂通常称核电站,它是利用原子核的裂变能来生产电能的.其生产过程与火电厂基本相同,只是以核反应堆代替了燃煤锅炉,以少量的核燃料代替大量的煤炭.其能量转换过程是:核裂变能→热能→机械能→电能.由于核能是巨大的能源,而且核电站的建设具有重要的经济和科研价值,所以世界上很多国家都很重视核电建设,核电在整个发电量中的比重正逐年增长.

八、优化训练

11-1　三相四线制供电系统中,中性线上为什么不准接熔断器和开关?

11-2　对称三相电源星形联接时,$U_l = $ _____ U_p,线电压的相位超前于它所对应的相电压的相位 _____ .

11-3　正序对称三相星形联接电源,若$\dot{U}_{VW} = 380\angle 30°$V,则$\dot{U}_{UV} = $ _____ V,$\dot{U}_U = $ _____ V,$\dot{U}_W = $ _____ V.

11-4　试判断下列结论是否正确:

(1) 当负载作星形联接时,必须有中性线;

(2) 当负载作星形联接时,线电流必须等于相电流;

(3) 当负载作星形联接时,线电压必为相电压的$\sqrt{3}$倍;

(4) 若电动机每相绕组的额定电压为380V,当对称三相电源的线电压为380V时,电动机绕组应接成星形才能正常工作.

11-5　如图11-12所示为三相对称电路,其线电压$U_l = 380$V,每相负载$R = 6\Omega, X = 8\Omega$.试求相电压、相电流、线电流,并画出电压和电流的相量图.

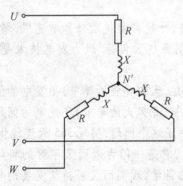

图11-12　题11-5图

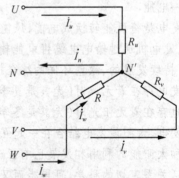

图11-13　题11-6图

11-6　如图11-13所示是照明电路,电源电压对称,线电压$U_l = 380$V,每相负载的电阻值$R_u = 5\Omega, R_v = 10\Omega, R_w = 20\Omega$.试求各相电流及中性线电流.

课题十二

三相对称负载三角形联接分析

一、学习指南

如果单相负载的额定电压等于三相电源的线电压,则必须把负载接于两根相线之间.把这类负载分为三组,分别接于电源的 $L1—L2$、$L2—L3$、$L3—L1$ 之间,就构成了负载的三角形联接,这类由若干负载组成的三相负载一般是不对称的.

还有一类负载是对称的,通常将它们首尾相连,再将三个联结点与三相电源相线的 $L1$、$L2$、$L3$ 相接,即构成负载的三角形联接.本节重点对三相对称负载的三角形联接进行分析.

二、学习目标

- 理解三相负载的三角形联结.
- 掌握对称三相负载三角形联接电路的分析和计算方法.
- 了解三相对称负载星形、三角形联接的不同点.
- 了解三相电路的功率.

三、学习重点

三相对称负载三角形联接的特点,三相对称负载三角形联接电路的分析方法,三相电路功率的相关计算.

四、学习难点

三相对称负载三角形联接电路的分析方法.

五、学习时数

4学时.

六、任务书

项目	三相对称负载三角形联接的测量		时间	2 学时
工具材料	220V、25W 灯泡三只,三相交流电源,万用表一只			
操作要求	1. 按图 12-1 所示联接电路. 2. 用万用表测量电路中的各个相电流及各个线电流.			

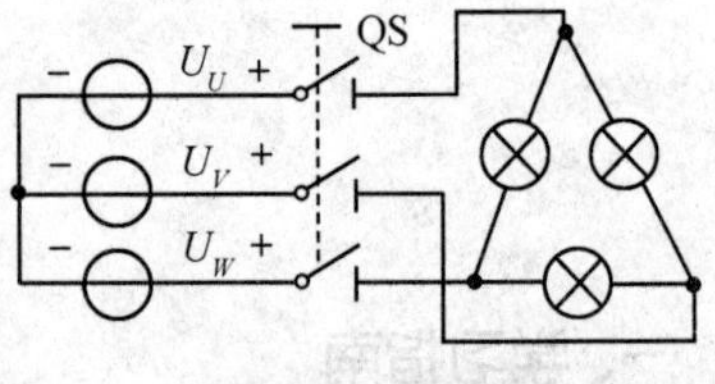

图 12-1 项目 12

测量记录	各相电压/V	U_U	V_V	U_W
	线电流/A	I_U	I_V	I_W
	测量值			
	理论值			
	相电流/A	I_{UV}	I_{VW}	I_{WU}
	测量值			
	理论值			

计算与思考	1. 测量出各线电流及各相电流,并与理论值进行比较. 2. 将测量结果与前一课题中的结果进行比较,并比较负载接成星形与三角形这两种方式,哪一个相电流大?哪一个线电流大?各大几倍?
体会	
注意事项	1. 三个灯泡要选用功率大小一样的. 2. 建议 2~3 人一小组进行实验.

七、知识链接

1. 三相负载的三角形联接

设 U、V、W 三相负载复阻抗分别为 Z_{uv}、Z_{vw}、Z_{wu},则负载三角形联接的三相三线制电路可用图 12-2 表示,若忽略各相线的阻抗,则电路具有如下关系:

(1) 各相负载承受电源线电压

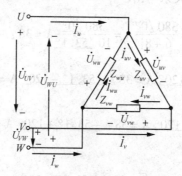

图 12-2 三相负载三角形联接

$$\dot{U}_{uv} = \dot{U}_{UV}, \dot{U}_{vw} = \dot{U}_{VW}, \dot{U}_{wu} = \dot{U}_{WU}$$

(2) 各相电流可分成三个单相电路分别计算

$$\dot{I}_{uv} = \frac{\dot{U}_{uv}}{\dot{Z}_{uv}} = \frac{\dot{U}_{uv}}{|Z_{uv}|\angle\varphi_{uv}} = \frac{\dot{U}_{uv}}{|Z_{uv}|}\angle -\varphi_{uv}$$

$$\dot{I}_{vw} = \frac{\dot{U}_{vw}}{\dot{Z}_{vw}} = \frac{\dot{U}_{vw}}{|Z_{vw}|\angle\varphi_{vw}} = \frac{\dot{U}_{vw}}{|Z_{vw}|}\angle -\varphi_{vw}$$

$$\dot{I}_{wu} = \frac{\dot{U}_{wu}}{\dot{Z}_{wu}} = \frac{\dot{U}_{wu}}{|Z_{wu}|\angle\varphi_{wu}} = \frac{\dot{U}_{wu}}{|Z_{wu}|}\angle -\varphi_{wu}$$

若负载对称,即 $Z_{uv} = Z_{vw} = Z_{wu} = Z$,则相电流也是对称的,如图 12-3 所示,显然,这时电路计算也可以归结为一相来进行,即

$$I_{uv} = I_{vw} = I_{wu} = I_p = \frac{U_p}{|Z|}$$

$$\varphi_{uv} = \varphi_{vw} = \varphi_{wu} = \varphi = \arctan\frac{X}{R}$$

(3) 各线电流由相邻两相的相电流决定

在对称的情况下,线电流是相电流的 $\sqrt{3}$ 倍,且滞后于相应的相电流 30°。各线电流分别为

$$\dot{I}_u = \dot{I}_{uv} - \dot{I}_{wu}, \dot{I}_v = \dot{I}_{vw} - \dot{I}_{uv}, \dot{I}_w = \dot{I}_{wu} - \dot{I}_{vw}$$

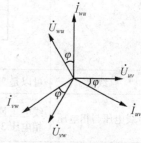

图 12-3 三相负载电压、电流相量图

负载对称时,由上式可作相量图,如图 12-4 所示,从图中不难看出

$$I_l = \sqrt{3}I_p$$

由上述可知,在负载作三角形联接时,相电压对称。若某一相负载断开,并不影响其他两相的正常工作。

【例 12-1】 如图 12-2 所示的三相三线制电路,各相负载的复阻抗 $Z = (6 + j8)\Omega$,外加线电压 $U_l = 380V$,试求正常工作时负载的相电流和线电流。

解 由于是对称电路,所以只要计算出一相的电流,其

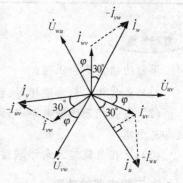

图 12-4 三相负载相电压与线电压相量图

余两相的电流可以根据对称的关系写出.

$$\dot{I}_{uv} = \frac{\dot{U}_{uv}}{Z} = \frac{380\angle 0°}{6+8j}\text{A} = \frac{380\angle 0°}{10\angle 53.1°}\text{A} = 38\angle -53.1° \text{ A}$$

$$\dot{I}_{vw} = \frac{\dot{U}_{vw}}{Z} = \dot{I}_{uv}\angle -120° \text{ A} = 38\angle -53.1°-120° \text{ A} = 38\angle -173.1° \text{ A}$$

$$\dot{I}_{wu} = \frac{\dot{U}_{wu}}{Z} = \dot{I}_{uv}\angle 120° \text{ A} = 38\angle -53.1°+120° \text{ A} = 38\angle 66.9° \text{ A}$$

多相负载的线电流为

$$\dot{I}_u = \sqrt{3}\dot{I}_{uv}\angle -30° \text{ A} = \sqrt{3}\times 38\angle -53.1°-30° \text{ A} = 66\angle -83.1° \text{ A}$$

$$\dot{I}_v = \dot{I}_u\angle -120° = 66\angle -83.1°-120° \text{ A} = 66\angle 156.9° \text{ A}$$

$$\dot{I}_w = \dot{I}_u\angle +120° = 66\angle -83.1°+120° \text{ A} = 66\angle 36.9° \text{ A}$$

2. 三相对称负载星形、三角形联接的比较

联接方式	星形(Y)	三角形(△)
	(电路图)	(电路图)
线制	可以是三相三线制,也可以是三相四线制	只能是三相三线制
线电压与相电压	线电压是相电压的$\sqrt{3}$倍,且超前于相应的相电压30°	线电压与相电压相等
线电流与相电流	三相四线制中的线电流等于相应的相电流	线电流是相电流的$\sqrt{3}$倍,且滞后于相应的相电流30°

想一想

下面的结论是否正确?

(1) 负载作三角形联接时,线电流必为相电流的$\sqrt{3}$倍.

(2) 在三相三线制电路中,无论负载是何种接法,也不论三相电流是否对称,三相线电流之和总为零.

(3) 三相负载作三角形联接时,如果测得三个相电流相等,则三个线电流也必然相等.

3. 三相电路的功率

三相电路的总功率(有功功率)等于三相功率之和.

对称电路中,无论负载是星形联接还是三角形联接,三相电路的总有功功率都可用下式表达:

$$P = \sqrt{3}U_l I_l \cos\varphi$$

式中,φ 是相电压与相电流的相位差角.

同样,在对称电路中,三相无功功率可由下式表示:

$$Q = \sqrt{3}U_l I_l \sin\varphi$$

三相视在功率为

$$S = \sqrt{P^2 + Q^2}$$

一般情况下,三相负载的视在功率不等于各相视在功率之和,只有当负载对称时,三相视在功率才等于各相视在功率之和.对称三相负载的视在功率为

$$S = 3U_p I_p = \sqrt{3}U_l I_l$$

【例 12-2】 三相负载 $Z = 6 + j8\Omega$,接于 380V 的线电压上,试分别计算出星形(Y)接法和三角形(△)接法时三相电路的总功率.

解 星形(Y)接法时,每相阻抗为 $Z = 6 + j8\Omega = 10\underline{/53.1°}\ \Omega$

$$I_l = I_p = \frac{U_l}{\sqrt{3}}/Z = \frac{380}{\sqrt{3}\times 10}\text{A} = 22\text{A}$$

$$P_Y = \sqrt{3}U_l I_l \cos\varphi = \sqrt{3}\times 380 \times 22 \times \cos 53.1°\text{kW} = 8.68\text{kW}$$

三角形(△)接法时,

$$I_l = \sqrt{3}\times I_p = \sqrt{3}\times\frac{380}{10}\text{A} = 65.8\text{A}$$

$$P_\triangle = \sqrt{3}U_l I_l \cos\varphi = \sqrt{3}\times 380 \times 65.8 \times \cos 53.1°\text{kW} = 26.0\text{kW}$$

结果表明,在电源电压不变的情况下,同一负载由星形接法改为三角形接法时,功率增加到原来的 3 倍.这就要求,要使负载正常工作,负载的接法必须正确.若正常工作是星形联接的负载,误接成三角形,会因为功率过大而烧毁;若正常工作是三角形联接的负载,误接成星形,则会因功率过小而不能正常工作.

八、优化训练

12-1 将图 12-5 中的各相负载分别接成星形或三角形,电源的线电压为 380V,相电压为 220V.每只灯的额定电压为 220V,每台电动机的额定电压为 380V.

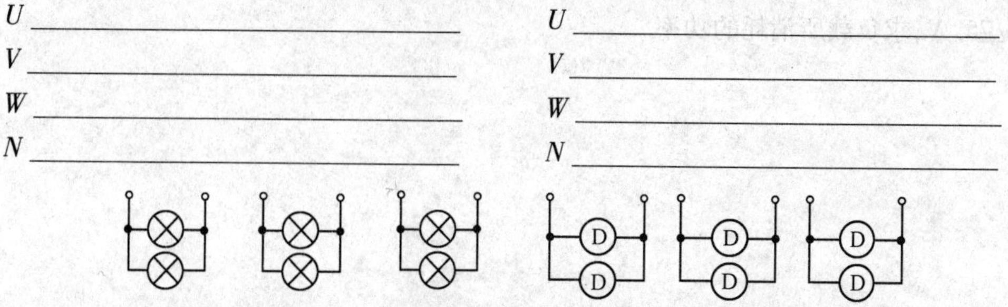

U _____   U _____
V _____   V _____
W _____   W _____
N _____   N _____

图 12-5 题 12-1 图

12-2 如图12-6所示的三相对称电路中，A的读数为10A，则A1、A2、A3表的读数是多少？若U'、V'之间发生断路，则A1、A2、A3表的读数又是多少？

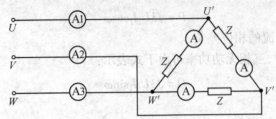

图12-6 题12-2图

12-3 如图12-7所示，三相电源成对称星形联接，相电压为220V，三相负载成三角形联接，已知$Z_{uv} = 3 + j4\Omega$，$Z_{vw} = 10 + j10\Omega$，$Z_{wu} = j20\Omega$，求：(1) 三相相电流；(2) 三相相电压；(3) 三相有功功率P.

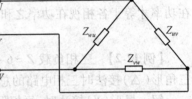

图12-7 题12-3图

12-4 对称三相负载$Z = |Z|\angle\varphi$，与三相对称星形电源联接，线电压为U_l，试比较负载作星形和三角形联接时下列各量的关系：

相电流 $I_{p\triangle} = $ _____，$I_{pY} = $ _____，$I_{p\triangle}/I_{pY} = $ _____；

线电流 $I_{l\triangle} = $ _____，$I_{lY} = $ _____，$I_{l\triangle}/I_{lY} = $ _____；

功率 $P_\triangle = $ _____，$P_Y = $ _____，$P_\triangle/P_Y = $ _____.

12-5 如图12-8所示，电路中电流表在正常工作时的读数是26A，电压表的读数是380V，电源电压对称. 在下列情况之一时，求：(1) 正常工作；(2) U、V相负载断路；(3) U相线断路时各相的负载电流.

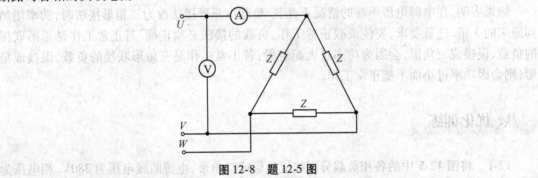

图12-8 题12-5图

12-6 一三角形连接对称负载与三相对称电源联接，已知线电流$\dot{I}_u = 5\angle 15°$ A，线电压$\dot{U}_{uv} = 380\angle 75°$ V，求负载所消耗的功率.

第六单元　磁与电磁

课题十三　磁现象和磁场

一、学习指南

本课题从常见的磁现象入手,了解我国古代在磁现象方面的研究成果及其对人类文明的影响,关注与磁有关的现代技术的发展和自然界中随处可见的磁现象.对磁场的性质作一个深入的了解.

二、学习目标

- 理解什么是磁现象,同时掌握磁性、磁体、磁极、磁化的意义.
- 理解磁场的定义和磁场的基本性质,以及磁场是如何产生的.
- 理解与磁场相关的物理量的定义和单位.
- 理解什么是磁感线,了解它有哪些特点,了解磁感线的方向如何判断,磁感线如何分布.
- 理解并学会应用安培环路定律.
- 了解几种电流磁场的特点.

三、学习重点

磁场的定义和基本性质,与磁场相关的物理量和磁感线的相关知识.

四、学习难点

与磁场相关的物理量,安培环路定律.

五、学习时数

3学时.

六、任务书

项目	验证线圈电流的磁场方向				时间	2学时
工具材料	1.5V电池一节,漆包线三米,小磁针一只					
操作要求	在饮料瓶子上垫几层纸,然后用漆包线绕一个10~15匝的线圈.把绕好的线圈从瓶子上取下来,然后用胶布竖直固定在木板上.把小磁针放在线圈的中央.根据小磁针的指向可以判断磁场的方向.通电前先根据安培定则作出判断,然后看一看测量结果是否跟你的判断一致.将电池的正负极对调,重做这个实验.					
测量记录	电源极性未改变之前	小磁针位置	A	B	C	D
		N极的方向				
	电源极性改变之后	小磁针位置	A	B	C	D
		N极的方向				
计算与思考	电源极性改变前后,小磁针的指向情况如何,磁针指向与线圈中的电流方向之间有什么样的关系?					
体会						
注意事项	因为十几圈漆包线的电阻很小,电路中的电流会很大,可能损坏电池,所以通电时间不要太长.最好使用旧电池.					

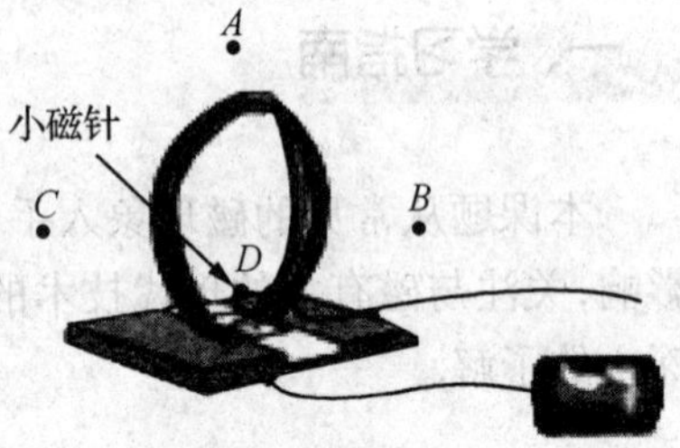

图13-1 项目13

七、知识链接

1. 磁现象和磁体

古代人们就发现了天然磁石吸引铁器的现象. 我国春秋战国时期的一些著作已有关于磁石的记载和描述, 而东汉学者王充在《论衡》一书中描述的"司南"(图13-2), 被公认是最早的磁性定向工具. 12世纪初, 我国已有指南针用于航海的明确记载.

人们最早发现的天然磁石的主要成分是 Fe_3O_4. 现在使用的磁铁, 大多是用铁、钴、镍等金属或用某些氧化物制成的. 天然磁石和人造磁铁都叫永磁体, 它们都能对周围的铁磁性材料产生吸引作用, 我们把这种性质叫做磁性. 磁体的各部分磁性强弱不同, 磁性最强的区域叫做磁极. 能够自由转动的磁体, 如悬挂着的小磁针, 静止时指向南方的磁极叫做南极, 又叫 S 极; 指向北方的磁极叫做北极, 又叫 N 极. 使原来没有磁性的物体获得磁性的过程叫做磁化; 反之, 磁化后的物体失去磁性的过程叫做退磁或去磁.

图13-2 司南

发现磁针能够指向南北, 这实际上就是发现了地球的磁场. 指南针的广泛使用, 又促进了人们对地球磁场的认识.

地球的地理两极与地磁两极并不重合, 因此, 磁针并非准确地指向南北, 其间有一个夹角, 这就是地磁偏角, 简称磁偏角. 磁偏角的数值在地球上不同地点是不同的. 图13-3 为具有磁性的地球示意图.

不但地球具有磁场, 宇宙中的许多天体都有磁场. 太阳表面的黑子、耀斑和太阳风等活动都与太阳磁场有关.

图13-3 磁性的地球

2. 电流的磁效应

自然界中的磁体存在两个磁极, 自然界中同样也存在着两种电荷, 并且磁极间的相互作用与电荷间的相互作用具有相似的特征, 同名磁极或同种电荷相互排斥, 异名磁极或异种电荷相互吸引. 由此猜想两者之间可能存在着某种联系.

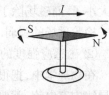

图13-4 奥斯特的小磁针

1820年4月, 有一次晚上讲座, 奥斯特演示了电流磁效应的实验(图13-4). 当电池与铂丝相连时, 靠近铂丝的小磁针摆动了. 这一不显眼的现象没有引起听众的注意, 而奥斯特非常兴奋, 他接连三个月深入地研究, 并于1820年7月宣布了实验情况, 从而首次揭示了电与磁的关系.

自奥斯特实验之后, 安培等人又做了很多实验研究. 他们发现, 不仅通电导线对磁场有作用力, 磁体对通电导线也有作用力. 例如, 把一段直导线悬挂在蹄形磁铁的两极间, 通以电流, 导线就会移动. 如图 13-5 所示. 他们还发现, 任意两条通电导线之间也有作用力. 这些相互作用是怎样发生的?

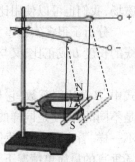

图13-5 磁体对通电导体的作用

正像电荷之间的相互作用是通过电场发生的,磁体与磁体之间、磁体与通电导体之间,以及通电导体与通电导体之间的相互作用,是通过磁场发生的.

小知识　　　　　　　　　磁带记录的原理

磁带为一具有磁性敷层的合成树脂长带,用于记录声音和影像.录制时,磁带通过一块电磁铁(录制头),录制头产生的磁场随声音或影像信号而改变.当磁带上的磁性颗粒通过磁头时,变化的磁场会移动磁性颗粒,于是就"写入"了一串相关磁性变化的信息.当播放录制内容时,磁带再次通过相同的磁头,磁带上磁性颗粒的排列方式使通过磁头的电流与录制时的电流一致.如果破坏磁性粒子的排列方式,则可以将所录制的内容清除掉.

3. 磁场的基本物理量

(1) 磁感应强度

巨大的电磁铁能吸起成吨的钢铁,实验室中的小磁铁却只能吸起几枚铁钉.磁体磁性的强弱,表现为它所产生的磁场对磁性物质和通电导线的作用力的强弱,也就是说,磁场有强弱之分.与电场强度相对应,我们本可以把描述磁场强弱的物理量叫做磁场强度.但历史上磁场强度已经用来表示另一个物理量,因此物理学中用磁感应强度来描述磁场的强弱.

① 磁感应强度的方向.

人们很容易想到,把一枚可以转动的小磁针作为检验用的磁体放在磁场中的某一点,观察它的受力情况,由此来描述磁场.

小磁针总有两个磁极,它在磁场中受力后,一般情况下将会转动.小磁针静止后,它的指向也就确定了,显示出这一点的磁场对小磁针 N 极和 S 极的作用力的方向.物理学中把小磁针静止时 N 极所指的方向规定为该点的磁感应强度的方向,简称磁场的方向.

但是,N 极不能单独存在,因而不可能测量 N 极受力的大小,也就不可能确定磁感应强度的大小了.而磁场除了对磁体有作用力,还对通电导线有作用力.我们可以用很小一段通电导线来检验磁场的强弱.

② 磁感应强度的大小.

在物理学中,把很短一段通电导线中的电流 I 与导线长度 L 的乘积 IL 叫做电流元.但要使导线中有电流,就要把它连到电源上,实际上仍要使用相当长的通电导线,所以孤立的电流元是不存在的.不过如果做实验的那部分磁场的强弱、方向都是一样的,也就是说磁场是匀强磁场,我们也可以使用比较长的通电导线进行实验,从结果中推知一小段电流元的受力情况.

分析了很多实验事实后人们认识到,通电导线与磁场方向垂直时,它受力的大小既与导线的长度 L 成正比,又与导线中的电流 I 成正比,即与 I 和 L 的乘积 IL 成正比,用公式表示为

$$F = BIL$$

式中,B 是比例系数,它与导线的长度和电流的大小都没有关系.但是,在不同情况下,B 的值是不同的:即使是同样的 I、L,在不同的磁场中,或在磁场的不同位置,一般说来导线受的力也不一样.看来,B 正是我们寻找的表征磁场强弱的物理量——磁感应强度.由此,在导线与磁场垂直的最简单情况下,

$$B = \frac{F}{IL}$$

磁感应强度 B 的单位由 F、I 和 L 的单位决定. 在国际单位制中, 磁感应强度的单位是特斯拉(tesla), 简称特, 符号是 T, $1T = 1N \cdot A^{-1} \cdot m^{-1}$.

小知识　　一些磁场的磁感应强度

人体器官内的磁场为 $10^{-13} \sim 10^{-9}T$, 地磁场在地面附近的平均值为 $5 \times 10^{-5}T$, 我国研制的作为 α 磁谱仪核心部件的大型永磁体中心的磁场为 $0.134\ 6T$, 电动机或变压器铁芯中的磁场为 $0.8 \sim 1.7T$, 电视机偏转线圈内的磁场约为 $0.1T$, 实验室使用的最强磁场瞬时值为 10^3T, 恒定值为 $37T$, 中子星表面的磁场为 $10^6 \sim 10^8T$, 原子核表面的磁场为 $10^{12}T$.

(2) 磁感线

我们已经知道, 在磁场中的每一点, 磁感应强度 B 都有一定的方向. 如果在磁场中画出一些曲线, 使曲线上每一点的切线方向都跟这点的磁感应强度的切线方向一致, 这样的曲线就叫做磁感线. 利用磁感线可以形象地描述磁场.

实验中常用铁屑来模拟磁感线的形状. 在磁场中放一块玻璃板, 玻璃板上均匀地撒一层细铁屑, 细铁屑就在磁场里磁化成"小磁针". 轻敲玻璃板, 使铁屑有规则地排列起来, 就模拟出磁感线形状, 如图 13-6 所示. 在两极附近, 磁场较强, 磁感线较密.

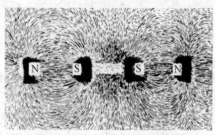

图 13-6　磁感线

(3) 磁通

在均匀磁场中, 磁感应强度 B 与垂直于磁场方向截面面积 A 的乘积, 称为通过该面积的磁通 Φ, 即

$$\Phi = B \times A \text{ 或 } B = \frac{\Phi}{A}$$

由上式可知, 磁感应强度在数值上可以看成与磁场方向相垂直的单位面积上通过的磁通, 故又称为磁通密度.

磁通的大小又可理解为通过某面积的磁感线的总数.

在国际单位制中, 磁通的单位是韦伯(Wb), 电磁制单位是麦克斯韦(Mx). 两者的关系是

$$1Wb = 10^8 Mx$$

(4) 磁导率

处在磁场中的任何物质均会或多或少地影响磁场的强弱, 影响的程度则与该物质的导磁性能有关. 磁导率 μ 是衡量物质导磁性能的物理量, 它的单位是亨/米(H/m).

自然界中大多数的物质对磁场强弱的影响都很小, 其磁导率与真空磁导率 μ_0 近似相等, 真空磁导率为

$$\mu_0 = 4\pi \times 10^{-7} H/m$$

这类材料称为非磁性材料.

钢、铁、镍、钴及其合金的 μ 值很大, 这类材料对磁场强弱影响很大, 称它们为磁性材料或铁磁物质.

为了便于比较, 通常用相对磁导率 μ_r, 即某材料的磁导率 μ 和真空磁导率 μ_0 的比值来表示:

$$\mu_r = \mu/\mu_0$$

凡 $\mu \approx \mu_0$ 或 $\mu_r \approx 1$ 的物质统称为非磁性材料，$\mu \gg \mu_0$ 或 $\mu_r \gg 1$ 的物质称为磁性材料．

(5) 磁场强度

为了表征磁场强弱与产生磁场的电流之间的关系，我们引入另一个物理量——磁场强度 H．磁场强度 H 表示在磁场中某一路径上电流励磁作用的强弱和方向，它与介质的性质无关，而取决于电流与路径．因此，它是一个矢量．磁场中某点磁场强度的大小等于该点的磁感应强度 B 与该处介质的磁导率 μ 的比值，即

$$H = \frac{B}{\mu}$$

在国际单位制中，磁场强度的单位是安/米（A/m），电磁制单位是奥斯特（Oe），两者的关系是

$$1 \text{A/m} = 4\pi \times 10^3 \text{Oe}$$

4. 右手螺旋定则

把小磁针放到通电直导线附近，根据磁针的指向，可以确定磁场的方向．直线电流的磁场方向可以用右手螺旋定则来判断：右手握住导线，让伸直的拇指所指的方向与电流方向一致，弯曲的四指所指的方向就是磁感线的环绕方向，如图 13-7 所示，这个规律又叫做安培定则．

环形电流的磁场方向也可以用另外一种形式的右手螺旋定则来判断：让右手弯曲的四指与环形电流的方向一致，伸直的拇指所指的方向就是环形导线轴线上磁感线的方向，如图 13-8 所示．

图 13-7 通电直导线的右手螺旋定则

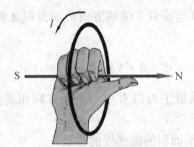
图 13-8 环形电流的右手螺旋定则

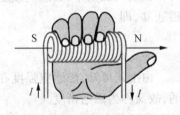
图 13-9 通电螺线管的右手螺旋定则

而环形电流就是只有一匝线圈的通电螺线管，通电螺线管其实就是由许多环形电流串联而成的．因此，通电螺线管的磁场就是这些环形电流磁场的叠加．所以我们也可以用右手螺旋定则来判定通电螺线管的磁场．此时，右手弯曲的四指指向螺线管中电流的方向，拇指就是螺线管内部磁感线的方向．从外部来看，通电螺线管的磁场就相当于一个条形磁铁的磁场，所以大拇指的方向就是其北极的方向，如图 13-9 所示．

生活索引　　**有趣的右螺旋**

右手螺旋定则（环形电流的安培定则）反映了一个旋转方向和一个直线方向的关系，这种关系叫做"右旋"关系，在日常生活中随处可见．仔细观察一下，螺栓旋进螺母是不是符合这个"定则"？一个有螺纹的瓶盖，要把它打开，应该朝哪个方向旋转？

自然界里多数海螺、田螺的壳是右旋的，许多缠绕植物的茎也是右旋的，但左旋的也

不少.

自行车上有很多螺栓和螺母,大多数是右旋的,但也有左旋的.向有经验的人请教,找出自行车上左旋的螺母,它们为什么要与其他的不一样?

自然界中看到的右旋与左旋,可能与物质微观结构的右旋与左旋有关,它深层次反映了自然规律的某些性质.目前人类对它的认识还很肤浅.

5. 安培环路定律（全电流定律）

磁场强度的大小与产生该磁场的电流之间的关系可以用安培环路定律来确定.安培环路定律的内容是,磁场强度矢量沿任一闭合曲线的线积分等于该闭合曲线所包围的全部电流的代数和,即

$$\oint_l H_l \mathrm{d}l = \sum I$$

在应用安培环路定律的时候,应先对曲线选定一个环绕方向,当电流 I 的方向与闭合曲线方向符合右手螺旋关系时,对这个电流取正,反之取负.

【例 13-1】 有一直导线通过的电流为 I,求距导线轴心 r 处 P 点的磁场强度 H.

解 如图 13-10 所示,通过 P 点以导线为轴心,以 r 为半径作一个圆形闭合路径,H 的大小在这一路径上应该处处相等,而该闭合路径所包围的电流就只有导线电流 I,根据安培环路定律 $\oint_l H_l \mathrm{d}l = \sum I$,可得

$$H 2\pi r = I$$

所以

$$H = \frac{I}{2\pi r}$$

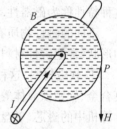

图 13-10　例 13-1 图

6. 磁性材料的主要特性

磁性材料主要是指钢、铁、镍、钴及其合金等材料,它是制造电机、变压器和电器等铁芯的主要材料.它们具有下列磁性能.

(1) 高导磁性

磁性材料具有很强的导磁能力,即在外磁场作用下很容易被磁化,这是因为它们的内部结构与非磁性材料有很大差异.在磁性材料内部由于电子绕原子核运动而产生分子电流,分子电流产生磁场,形成了很多具有磁性的小区域,这些小区域称为磁畴.在没有外磁场作用时,磁畴在物质中取向杂乱,对外不显磁性.在外磁性作用下,与外磁场方向不一致的磁畴能够旋转或翻转,使磁畴取向与外磁场方向趋于一致.使得与外磁场取向一致的磁畴体积大大扩增,从而显示出很强的磁性.因此,各种变压器、电机和电器的电磁系统的铁芯几乎都由磁性材料构成,在相同的励磁绕组匝数和励磁电流的条件下,采用铁芯后可使磁感应强度增强几百倍甚至几千倍.

(2) 磁饱和性

当一个线圈中的励磁电流 I 发生变化,铁芯中的磁场强度 H 也会发生变化,铁芯内的磁感应强度 B 也随之变化,如图 13-11 所示是 $B = f(H)$ 的关系曲线,又称磁化曲线,其数学表达式为

$$B = \mu H$$

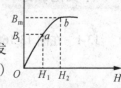

图 13-11　磁化曲线

磁化曲线可分为三段：在 Oa 段上，H 从零开始增加到 H_1，B 近似直线上升，这是由于磁畴在外磁场作用下逐渐转向外磁场方向，这一段的磁导率最高，且近似为常数。ab 段称为曲线的膝部，H 增加的同时 B 缓慢增加，这是由于大部分磁畴已转向外磁场，这段磁导率较小。b 点以后，由于磁畴的磁场方向几乎已全部与外磁场一致，因此随着 H 的增加 B 几乎不变，达到了磁饱和值 B_m，出现磁饱和现象。

由磁化曲线可知，磁性材料的 B 与 H 不成正比，因此磁导率 μ 不是常数，随 H 而变化。

（3）磁滞性

如果 H 的大小及方向不断交变，则 $B=f(H)$ 关系如图 13-12 所示，这个曲线称为磁滞回线。由图可见，当 H 减少到零时，B 却不为零，这时铁芯中所保留的磁感应强度称为剩余磁感应强度 B_0（也叫剩磁），在图中即为纵坐标 Ob 和 Oe。当 H 反方向变到 $-H_C$ 时，B 才为零（即铁芯中的剩磁消失），使铁芯中剩磁消失的磁感应强度 H_C 称为矫顽力，在图中即为横坐标 Oc 和 Of。这种现象说明磁感应强度 B 的变化滞后于外加磁场强度 H 的变化，磁性材料的这种特性称为磁滞性。

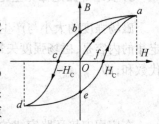

图 13-12　磁滞回线

不同的磁性物质有不同的矫顽力和剩磁，因此它们的磁滞回线也不相同。根据磁滞回线的形状，常把磁性材料分为：

① 软磁材料。这种材料的矫顽力、剩磁都较小，磁滞回线较窄，如图 13-13 所示。硅钢、坡莫合金、软磁铁氧体等属于软磁材料。这种材料磁导率高，矫顽力小，容易磁化，也容易退磁。计算机中的磁芯、磁盘以及录音机的磁带等材料都是铁氧体。

② 硬磁材料。这类材料的矫顽力、剩磁都较大，磁滞回线较宽，如图 13-14 所示。这类材料不易退磁，很适合于制造永久磁铁。常用的有碳钢、钴钢及铁镍铝钴合金等。

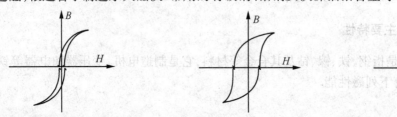

图 13-13　软磁材料的磁滞回线　　图 13-14　硬磁材料的磁滞回线　　图 13-15　矩磁材料的磁滞回线

③ 矩磁材料。这种材料两个方向上的剩磁都很大，接近饱和，但矫顽力很小，在很小的外磁场作用下就能使它正向或反向饱和磁化，即易于"翻转"；去掉外磁场后，与饱和磁化时方向相同的剩磁又能稳定地保持，即它具有记忆性，如图 13-15 所示。因此在计算机和控制系统中可用做记忆元件、开关元件和逻辑元件。常用的有镁锰铁氧体及 1J51 型铁镍合金等。

八、优化训练

13-1　在图 13-16 中画出导线中的电流方向或通电导线周围磁感线的方向。

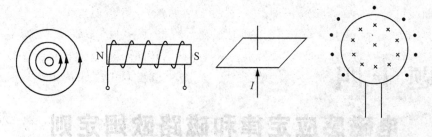

图 13-16 题 13-1 图

13-2 如图 13-17 所示,当 S 闭合后小磁针偏转的位置正确的是(　　)

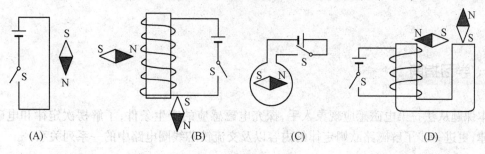

图 13-17 题 13-2 图

13-3 自然界中有没有单一的磁极?为什么?

13-4 根据 $B = \dfrac{F}{IL}$ 提出:一个磁场中某点的磁感应强度 B 跟磁场力 F 成正比,跟电流强度 I 和导线长度 L 的乘积 IL 成反比.这种说法对吗?

13-5 匀强磁场中,有一根长 0.4m 的通电导线,导线中的电流为 2A,这条导线与磁场方向垂直时,所受的磁场力为 15N,求磁感应强度的大小.

13-6 求图 13-18 中 A 点处的磁场强度 H.

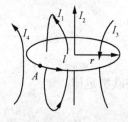

图 13-18 题 13-6 图

13-7 按磁滞回线的形状,铁磁性物质可分为哪几类?各类的主要用途是什么?

课题十四

电磁感应定律和磁路欧姆定则

一、学习指南

本课题从法拉第电磁感应现象入手,探究电磁感应的产生条件,了解楞次定律和电磁感应定律,更进一步了解磁路欧姆定律的内容以及交流铁芯线圈电路中的一系列关系.

二、学习目标

- 理解电磁感应现象产生的条件.
- 理解楞次定律和电磁感应定律的内容.
- 理解如何判断"磁生电"的方向,即右手定则.
- 理解磁动势、磁阻的概念,掌握磁路欧姆定律.
- 了解交流铁芯线圈电路中的一系列关系.

三、学习重点

电磁感应定律、右手定则和磁路欧姆定律.

四、学习难点

磁路欧姆定律和交流铁芯线圈电路.

五、学习时数

4学时.

六、任务书

项目	电磁感应现象	时间	2 学时
材料	磁铁一个、线圈两个、电源、开关一只、变阻器一只、电流表一只		
操作要求	1. 把磁铁的某一个磁极向线圈中插入、从线圈中抽出，或静止地放在线圈中，观察电流表的指针，把观察到的现象记录在表 14-1 中，如图 14-1 所示. 2. 如图 14-2 所示，线圈 A 通过变阻器和开关连接到电源上，线圈 B 的两端连到电流表上，把线圈 A 装在线圈 B 的里面. 观察表 14-2 中几种情况下线圈 B 中是否有电流产生. 图 14-1　项目 14　　　　　图 14-2　项目 14		
测量记录	表 14-1　操作 1 测量记录 | 磁铁的动作	表针的摆动方向	磁铁的动作	表针的摆动方向
N 极插入线圈		S 极插入线圈	
N 极停在线圈中		S 极停在线圈中	
N 极从线圈中抽出		S 极从线圈中抽出	| 表 14-2　操作 2 测量记录 | 开关和变阻器的状态	线圈 B 中是否有电流
---	---
开关闭合瞬间	
开关断开瞬间	
开关闭合时，滑动变阻器不动	
开关闭合时，迅速移动滑动变阻器的滑片				
思考	1. 磁铁的插拔方向与电流表指针的方向之间存在何种联系？ 2. 线圈 A 的插拔方向与电流表指针的方向之间存在何种联系？ 3. 变阻器对实验结果是否有影响？		

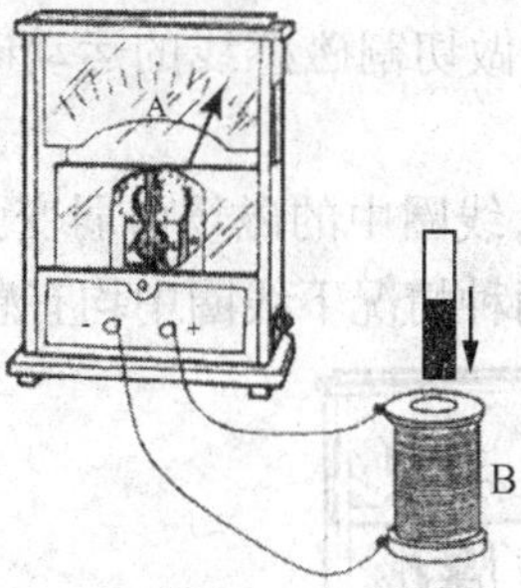

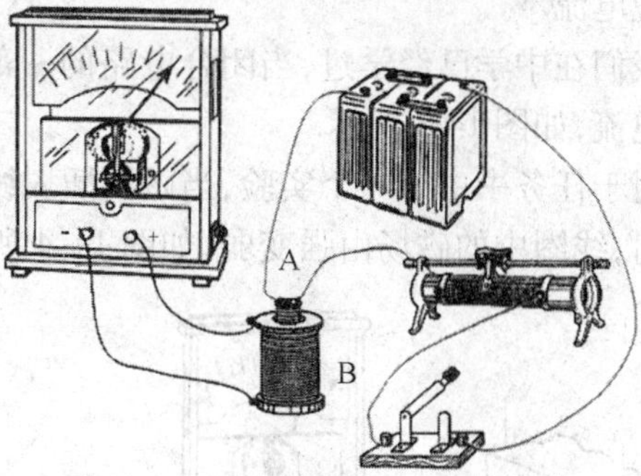

七、知识链接

1. 法拉第电磁感应现象

1831年8月,法拉第发现:把两个线圈绕在同一个铁环上,一个线圈接到电源上,另一个线圈接入"电流表",在给一个线圈通电或断电的瞬间,另一个线圈中也出现了电流.法拉第领悟到,"磁生电"是一种在变化、运动的过程中才能出现的效应.通过许多实验,法拉第把引起电流的原因概括为五类,它们都与变化和运动相联系,即变化的电流、变化的磁场、运动的恒定电流、运动的磁铁、在磁场中运动的导体.他把这些现象称为电磁感应现象,产生的电流叫做感应电流.

我们在中学已经学过,当闭合电路的一部分导体做切割磁感线的运动时,电路中会产生感应电流,如图 14-3 所示.

对于任务书中第一个实验,当磁铁插入线圈中时,线圈中的磁场由弱变强,磁铁从线圈中抽出时,线圈中的磁场由强变弱,如图 14-4 所示,这两种情况下线圈中均有感应电流.

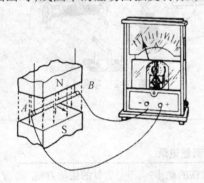
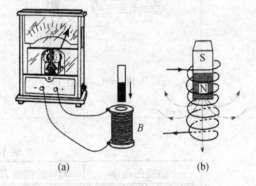

图 14-3 导体切割磁感线产生感应电流　　图 14-4 磁铁插入线圈产生感应电流

在任务书中的第二个实验中,由于迅速移动滑动变阻器的滑片(或由于开关的闭合、断开),线圈 A 中的电流迅速变化,产生的磁场的强弱也在迅速变化,又由于两个线圈套在一起,所以通过线圈 B 的磁场强弱也在迅速变化,这种情况下线圈 B 中也有感应电流.

除了任务书中的两个实验,对于图 14-3,它可以简化为图 14-5 的示意图.从中可以看出,当导体棒 AB 在金属导轨上向右运动时,虽然磁场的强弱没有变化,但是导体棒切割磁感线的运动使闭合电路包围的面积在变化.这种情况下"线圈"中同样会有感应电流.

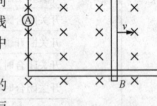

图 14-5 导体切割磁感线俯视图

从上面几个例子可以看出,产生感应电流的条件与磁场的变化有关系,也就是说,与磁感应强度的变化有关系;另外,与闭合电路包围的面积也有关系.由于闭合电路的面积与垂直穿过它的磁感应强度的乘积叫做磁通量,所以我们也可以用磁通量来描述感应电流的产生条件.即只要穿过闭合电路的磁通量发生变化,闭合电路中就有感应电流.

小试身手　　　　　　　　摇绳能发电吗？

把一条大约10m长的电线的两端连在一个灵敏电流表的两个接线柱上,形成闭合电路.两个同学迅速摇动这条电线,可以发电吗?简述你的理由.

你认为两个同学沿哪个方向站立时,发电的可能性比较大?试一试.

2. 楞次定律和电磁感应定律

根据电磁感应的实验,我们发现不同情况下产生的感应电流方向是不同的.

1834年,物理学家楞次在分析了许多实验事实后,用一句话巧妙地表达了以下结论:感应电流具有这样的方向,即感应电流的磁场总是要阻碍引起感应电流的磁通量的变化,这就是楞次定律.

想一想　　　　　　　　能量从哪里来？

当手持条形磁铁使它的一个磁极靠近闭合线圈的一端时,线圈中产生了感应电流,获得了电能.从能量守恒的角度看,这必定有其他形式的能在减少,或者说,有外力对磁体和线圈这个系统做了功.

能不能用楞次定律作出判断,手持磁铁运动时我们克服什么力做了功?

导线切割磁感线时产生的感应电流的方向可以用右手定则来判断,即:伸开右手,使拇指与其余四个手指垂直,并且都与手掌在同一个平面内;让磁感线从掌心进入,并使拇指指向导线运动的方向,这时四指所指的方向就是感应电流的方向,这就是判定导线切割磁感线时感应电流方向的右手定则.

穿过闭合电路的磁通量发生变化,电路中就有感应电流.既然闭合电路中有感应电流,电路中就一定有电动势.如果电路没有闭合,这时虽然没有感应电流,电动势依然存在.在电磁感应现象中产生的电动势叫做感应电动势,产生感应电动势的那部分导体就相当于电源.

在用导线切割磁感线产生感应电流的实验中,导线运动的速度越快,磁体的磁场越强,产生的感应电流就越大;在向线圈中插入条形磁铁的实验中,磁铁的磁场越强,插入的速度越快,产生的感应电流就越大.这些经验向我们提示,感应电动势可能与磁通量变化的快慢有关,而磁通量变化的快慢可以用磁通量的变化率来表示.

人们认识到:电路中感应电动势的大小,跟穿过这一电路的磁通量的变化率成正比,这就是法拉第电磁感应定律,用公式表示为

$$E = \frac{d\Phi}{dt} \text{ 或 } E = n\frac{d\Phi}{dt}$$

式中,n表示线圈匝数.

小试身手

如图14-6所示,将玩具电动机通过电流表接到电源上,闭合开关S,观察电动机启动过程中电流表读数的变化.怎样解释电流的这种变化?

在电动机上加一定的负载,如用手轻握转子的轴,观察电流表读数的变化并作出解释.

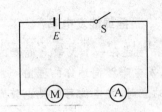

图 14-6 简单电动机电路

想一想

我国自行研制的飞豹歼击轰炸机沿水平方向自东而西飞过.该机翼展为 12.7m,该地区磁场的垂直分量为 4.7×10^{-5}T,该机的飞行速度为音速的 0.7 倍,求该机两翼间的电势差.哪一端的电位比较高?

3. 磁路及磁路欧姆定律

在电机、变压器及各种铁磁电工设备中常用磁性材料做成一定形状的铁芯.铁芯的磁导率比周围空气或其他物质的磁导率高得多,磁通的绝大部分经过铁芯形成闭合通路,磁通的闭合路径称为磁路.

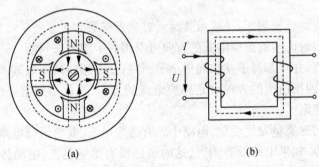

图 14-7 直流电机和单相变压器磁路

在图 14-7(b)所示的磁路中,线圈通上电流 I 之后,磁路中将建立起一定大小的磁通 Φ.实验证明,可以通过增大电流 I 或增加线圈匝数 N 的方法来达到增大磁通 Φ 的目的.所以,我们认为 NI 是建立磁通的根源.把 NI 的乘积称为磁路的磁通势,简称磁势,用字母 F 表示,它的单位是安(A).

$$F = NI$$

如果把相同的磁势加到不同的磁路中去,获得的磁通不相同.这说明磁通的大小除了和磁势有关之外,还与组成磁路的物质本身性质和尺寸的大小有关.这里我们引出一个磁阻的概念,磁阻表示磁路对磁势建立的磁通所表现的阻碍作用,用 R_m 来表示.

磁阻的大小与构成磁路的材料性质及几何尺寸有关,它们之间满足如下关系:

$$R_m = \frac{l}{\mu A}$$

式中,l 为磁路的平均长度,A 为磁路的截面积,μ 为磁路材料的磁导率.磁阻的单位是 H^{-1}.

而磁势、磁通和磁阻三者之间满足如下关系:

$$\Phi = \frac{F}{R_m} = \frac{NI}{R_m}$$

它表明,在磁路中,磁通和磁势成正比例关系,与磁阻成反比例关系.如将上式与直流电路中的欧姆定律 $I = \dfrac{E}{R}$ 相比,两者十分相似.所以我们把 $\Phi = \dfrac{F}{R_m} = \dfrac{NI}{R_m}$ 叫做磁路欧姆定律.磁路与电路的比较见表14-3.

表14-3 磁路与电路的比较

磁路	电路
磁势 F	电动势 E
磁通 Φ	电流 I
磁感应强度 B	电流密度 J
磁阻 $R_m = \dfrac{l}{\mu A}$	电阻 $R = \dfrac{l}{\sigma A}$
磁路欧姆定律 $\Phi = \dfrac{F}{R_m} = \dfrac{NI}{\dfrac{l}{\mu A}}$	电路欧姆定律 $I = \dfrac{E}{R} = \dfrac{E}{\dfrac{l}{\sigma A}}$

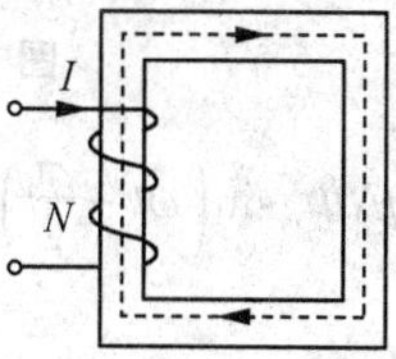

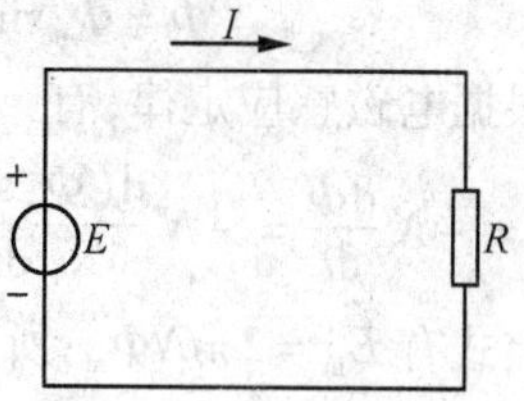

以上介绍的磁路都是用同一种材料做成的,而实际工程中许多电气设备的磁路并不是用同一种铁磁材料制成的,如电动机、继电器等电气设备的铁芯中都带有空气隙,虽然气隙很小,但是它对磁路的影响很大.

如图14-8所示电路中,有一段长为 l_0 的空气隙,我们知道磁通在气隙处也是不会中断的,所以通过气隙处的磁通与通过铁芯的磁通 Φ 是相同的.这个磁路的总磁阻的大小应该等于铁芯的磁阻与气隙磁阻的和,即

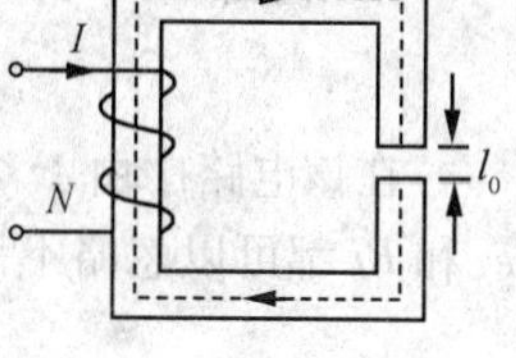

$$R_m = R_{ml} + R_{m0} = \dfrac{l}{\mu A} + \dfrac{l_0}{\mu_0 A}$$

图14-8 有空气隙的磁路

由于空气的导磁能力要比铁芯低得多,即 $\mu_0 \ll \mu$,所以 $R_{ml} \ll R_{m0}$.因此,当磁路中有气隙存在时,磁路中的总磁阻会大大增加,要比没有气隙时的均匀磁路大得多,这也说明要想在有气隙的不均匀磁路中获得与没有气隙的均匀磁路同样大小的磁通,所需要的磁势要大得多.所以磁路中应尽量减少不必要的气隙.

【例14-1】 如图14-8所示为一有气隙的铁芯线圈.若线圈中通以直流电流,试分析当气隙增大时,对磁路中的磁阻、磁通和磁势有何影响?

解 当线圈通以直流电的时候,线圈中的电流 I 的大小仅仅取决于外加直流电源的电压和线圈本身的电阻,其大小是一定值,与线圈气隙大小无关.由 $F = NI$ 知,磁势也不会变化.但是空气的导磁能力大大低于铁芯,所以当气隙变大时,磁阻会变大.由 $\Phi = \dfrac{F}{R_m}$ 可知,磁势不变,磁阻变大,磁通将减小.

4. 交流铁芯线圈电路

当我们在如图 14-9 所示铁芯线圈的两端加上交流电压 u 时,在线圈中就会产生一个大小为 i 的交流电流,从而在铁芯中产生一个大小为 iN 的磁势,这个磁势将会在线圈中激励出磁通,其中绝大部分通过铁芯闭合的磁通称为主磁通 Φ,而很少一部分通过空气闭合的磁通称为漏磁通 Φ_σ.

（1）磁通与电压的关系

根据电磁感应定律,交变的磁通 Φ 和 Φ_σ 要在线圈中分别感应出感应电动势 e 和 e_σ,磁通和感应电动势的方向分别如图 14-9 所示.

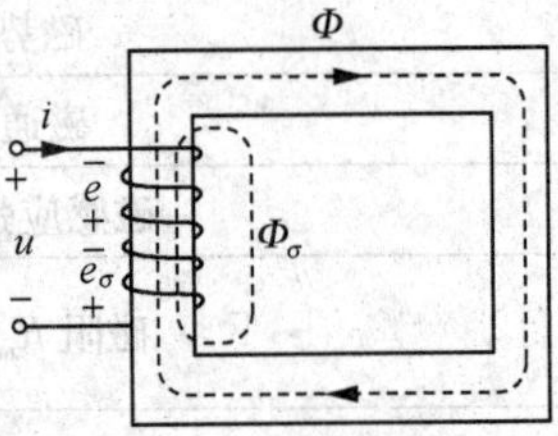

设磁通为正弦交变磁通,则

$$\Phi = \Phi_m \sin\omega t, \Phi_\sigma = \Phi_{\sigma m}\sin\omega t$$

图 14-9 交流铁芯线圈

根据电磁感应定律,有

$$e = -N\frac{d\Phi}{dt} = -N\frac{d(\Phi_m\sin\omega t)}{dt} = -N\omega\Phi_m\cos\omega t = 2\pi fN\Phi_m\sin\left(\omega t - \frac{\pi}{2}\right) = E_m\sin\left(\omega t - \frac{\pi}{2}\right)$$

根据上式有 $E_m = 2\pi fN\Phi_m$,所以

$$E = \frac{E_m}{\sqrt{2}} = \frac{2\pi fN\Phi_m}{\sqrt{2}} = 4.44fN\Phi_m$$

在铁芯线圈电路中,除了 e 和 e_σ 之外,线圈本身的电阻也产生一个电压降 Ri. 交流铁芯线圈内电压方程为

$$u = -e - e_\sigma + Ri$$

用相量形式来表示,即

$$\dot{U} = -\dot{E} - \dot{E}_\sigma + R\dot{I}$$

在该电路中由于 Φ 比 Φ_σ 大得多,所以 e 比 e_σ 也大得多,同时线路的压降 Ri 非常小,所以 e_σ 和 Ri 都可以忽略不计. u 和 e 的关系可以近似地表示为

$$u = -e$$

它们有效值的关系可以近似地看做 $U \approx E = 4.44fN\Phi_m$,所以

$$\Phi_m \approx \frac{U}{4.44fN}$$

上式说明,当外加电压及频率大小恒定时,主磁通基本保持不变.

（2）功率关系

在交流铁芯线圈中,除了在线圈电阻上有功率损耗 RI^2（称为铜损耗,用 P_{Cu} 表示）外,铁芯在交流磁化的情况下也有功率损耗,这种损耗称为铁损耗,用 P_{Fe} 表示. 铁损耗是由铁磁物质的磁滞和涡流现象所产生的.

① 磁滞损耗 P_h. 磁滞现象使磁性材料在交流磁化过程中产生磁滞损耗,它是由于磁畴的反复取向使铁芯发热所产生的功率损耗. 磁性材料交变磁化一周,在铁芯单位体积内产生的磁滞损耗能量与磁滞回线包围的面积成正比. 因此为了减少磁滞损耗,应选用磁滞回线狭小的导磁材料. 变压器和交流电机铁芯所用的硅钢片,就具有狭小的磁滞回线,其磁滞损耗较小.

② 涡流损耗 P_e. 磁性材料在交变磁化过程中还会产生另一种损耗——涡流损耗. 当铁芯中的磁通发生交变时,铁芯中会产生感应电动势,由于铁芯也是导磁材料,所以在铁芯中垂直

于磁感线的平面上会产生感应电流,它围绕磁感线成漩涡状流动,故称涡流,如图 14-10 所示.涡流在铁芯的电阻上引起的功率损耗称为涡流损耗.为了减少涡流损耗,铁芯在顺磁场方向上用彼此绝缘的钢片叠成,如图 14-10(b)所示,这样就可以限制涡流只在较小的范围内流通.此外,硅钢片中因含有少量的硅,使得铁芯中的电阻增大,涡流减少.

综上所述,交流铁芯线圈的功耗为

$$\Delta P = P_{Cu} + P_{Fe} = P_{Cu} + P_h + P_e$$

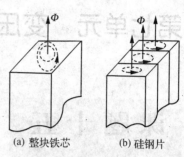

图 14-10 涡流

磁滞损耗和涡流损耗合称为铁损耗.它使铁芯发热,使交流电动机、变压器及其他交流电路的功率损耗增加,温升增加,效率降低.但在某些场合,涡流效应也可被用来加热或冶炼金属.

八、优化训练

14-1 关于电磁感应,下列说法正确的是 ( )
（A）穿过线圈的磁通量越大,感应电动势越大
（B）穿过线圈的磁通量为零,感应电动势一定零
（C）穿过线圈的磁通量的变化越大,感应电动势越大
（D）穿过线圈的磁通量变化越快,感应电动势越大

14-2 如图 14-11 所示,当条形磁铁突然向闭合铜环运动时,铜环里产生的感应电流的方向怎样？铜环如何运动？

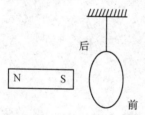

图 14-11 题 14-2 图

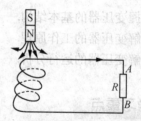

图 14-12 题 14-3 图

14-3 如图 14-12 所示,当磁铁运动时,流过电阻 R 的电流由 A 经 R 到 B,则磁铁可能是
( )
（A）向下运动　　（B）向上运动　　（C）向左平移　　（D）以上都不可能

14-4 有一个 1 000 匝的线圈,在 0.4s 内通过它的磁通量从 0.02Wb 增加到 0.09Wb,求线圈中的感应电动势.如果线圈电阻是 10Ω,把一个电阻为 990Ω 的电热器接在它的两端,通过它的电流有多大？

14-5 某磁路的截面积 $S = 4cm^2$,相对磁导率 $\mu_r = 1 500$,当磁通 $\Phi = 5.66 \times 10^{-4}$Wb 时,求该磁路段的磁场强度.

14-6 交流铁芯线圈接在 $U_1 = 200V$、频率为 50Hz 的正弦交流电源上,测得其消耗的功率为 $P_1 = 250W$,$\cos\varphi_1 = 0.68$；若将铁芯抽出再接到同一电源上,则消耗功率 $P_2 = 100W$,$\cos\varphi_2 = 0.05$.试求该线圈有铁芯时的铁损耗 P_{Fe}、铜损耗 P_{Cu} 和电流.

14-7 铁损耗与哪些因素有关？为什么直流铁芯线圈中没有铁损耗？

第七单元　变压器

课题十五

变压器的基本结构和原理

一、学习指南

本课题以普通双绕组电力变压器为主要研究对象,从测量变压器的变比入手,在阐明变压器的工作原理之后,介绍变压器的分类及主要结构,并着重叙述了单相变压器的空载及负载运行.

二、学习目标

- 掌握变压器的基本结构.
- 理解变压器的工作原理.
- 理解变压器的运行分析.

三、学习重点

变压器的工作原理,变压器的运行分析.

四、学习难点

变压器的运行分析.

五、学习时数

4 学时.

六、任务书

项目	测绘变压器的空载特性与负载特性	时间	2学时
工具材料	单相交流可调电源,单相实验变压器(220V/36V),交流电压表,交流电流表,白炽灯三只,导线若干		
操作要求	1. 按图15-1接线,将变压器的低压绕组 A、X 接电源,高压绕组 a、x 开路.确认调压器处在零位后,合上电源,调节调压器输出电压,使 U_1 从零逐次上升到1.2倍的额定电压($1.2 \times 36V$),分别记下各次测得的 U_1、U_{20} 和 I_0 数据,用 U_1 和 I_0 绘制变压器的空载特性曲线. 2. 将调压器手柄置于输出电压为零的位置,合上电源开关,并调节调压器,使其输出电压为36V.令负载开路,并逐次增加负载,测定 U_1、U_2、I_1 和 I_2,即可绘出变压器的负载特性曲线 $U_2 = f(I_2)$. 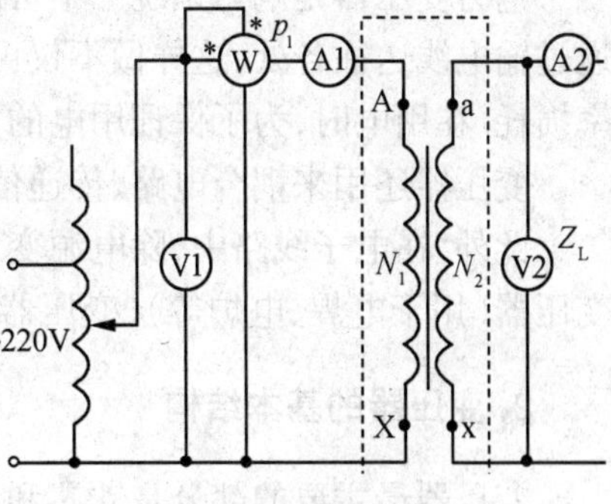	图15-1 项目15	

		空载运行				负载运行			
测量记录	序号	U_1/V	U_{20}/V	I_0/A	k	白炽灯数	U_1/V	U_2/V	I_1/A	I_2/A
	1	10				0(开路)	36			
	2	20				1只	36			
	3	30				2只	36			
	4	40				3只	36			

计算与思考	1. 计算该变压器的变比 k. 2. 绘制变压器的空载特性曲线,即 $U_1 = f(I_0)$. 3. 绘制变压器的负载特性曲线,即 $U_2 = f(I_2)$.
体会	
注意事项	1. 本实验是将变压器作为升压变压器使用.调节调压器,提供一次侧电压 U_1. 使用调压器时应首先将其调至零位,然后才可合上电源.此外,必须用电压表监视调压器的输出电压,防止被测变压器输出过高电压而损坏实验设备,且要注意安全,以防高压触电. 2. 由空载实验到负载实验时,要注意及时变换仪表量程. 3. 如遇异常情况,应立即断开电源,待处理好故障后,再继续实验.

七、知识链接

1. 变压器的用途及分类

变压器是根据电磁感应原理制成的一种静止的电气设备,它具有变换电压、电流、阻抗及隔离电源的作用,因此被广泛地应用于电力系统和电子线路中.

电力变压器是电力系统中不可缺少的重要设备.在输电时必须利用变压器将电压升高后通过输电线送往各处,这样做不仅可以减少输电线的截面积,节省材料,还可以减少线路的功率损耗.在用电时,为了保证用电的安全和用电设备的电压要求,再用变压器将电压降低.

变压器还用来耦合电路、传递信号、实现阻抗匹配等.

此外,在电子线路中,除电源变压器外,还有自耦变压器、互感器、隔离变压器和各种专用变压器(用于电焊、电炉等).变压器的种类很多,但它们的结构和工作原理是相同的.

2. 变压器的基本结构

变压器最主要的部分是铁芯和绕组,称之为器身.此外,还包括油箱和其他附件,图 15-2 所示为三相电力变压器的外形.

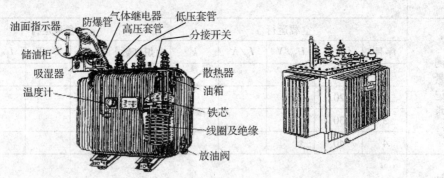

图 15-2　三相电力变压器结构示意图

（1）铁芯

铁芯是变压器的磁路部分.为了减少铁芯内部的损耗(包括涡流损耗和磁滞损耗),铁芯一般用 0.35mm 厚的冷轧硅钢片叠压而成.

 　　　　　　　　　　涡流

把整块金属置于随时间变化的磁场中或让它在磁场中运动时,金属块内将产生感应电流.这种电流在金属块内自成闭合回路,很像水的漩涡,因此叫做涡电流,简称涡流.整块金属的电阻很小,所以涡流常常很强,这些涡流使铁芯大量发热,浪费大量的电能.为减少涡流损耗,交流电动机、电器中广泛采用表面涂有薄层绝缘漆或绝缘的氧化物的薄硅钢片叠压制成的铁芯,这样涡流被限制在狭窄的薄片之内,磁通穿过薄片的狭窄截面时,这些回路中的净电动势较小,回路的长度较大,回路的电阻很大,涡流大为减弱.

但涡流也是可以利用的,在感应加热装置中,利用涡流可对金属工件进行热处理.

变压器的铁芯有心式和壳式两类,如图15-3所示.

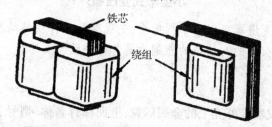

(a) 心式变压器　　　(b) 壳式变压器

图15-3　心式变压器和壳式变压器

绕组包围着铁芯的变压器叫心式变压器.这类变压器的铁芯结构简单,绕组套装和绝缘比较方便,绕组散热条件好,所以广泛应用于容量较大的电力变压器中.

铁芯包围着绕组的变压器叫壳式变压器.这类变压器的机械强度好,铁芯易散热,因此小型电源变压器大多采用壳式结构.

(2) 绕组

绕组是变压器的电路部分,它由漆包线或绝缘的扁铜线绕制而成.

变压器中,接于高压电网的绕组称为高压绕组,接于低压电网的绕组称为低压绕组.从高、低压绕组之间的相对位置来看,可分为同心式和交叠式.

同心式绕组是指高、低压绕组同心地套在铁芯柱上,如图15-4所示.低压绕组要安装在靠近铁芯的内层,高压绕组装在外层,这使低压绕组和铁芯之间绝缘可靠性得到增加,同时可降低绝缘的耐压等级.变压器的高压、低压之间与铁芯之间必须绝缘良好.

交叠式绕组都做成饼式,高、低压绕组互相交叠地放置,如图15-5所示.

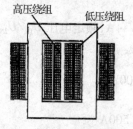
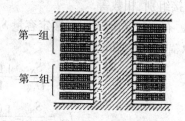

图15-4　同心式绕组图　　　图15-5　交叠式绕组

同心式绕组结构简单,绝缘和散热性能好,所以在电力变压器中得到广泛采用;而交叠式绕组的引线比较方便,机械强度好,易构成多条并联支路,因此常用于大电流变压器中,如电炉变压器、电焊变压器等.

(3) 油箱和其他附件

油箱既是油浸式变压器的外壳,又是变压器油的容器,还是冷却装置.变压器工作时铁芯和绕组都要发热,为了不使变压器因过热而损坏绝缘,必须采用适当的冷却方式.小容量变压器依靠周围空气散热,称为空气自冷式(或干式).容量较大的变压器则把绕组和铁芯浸在装满变压器油的油箱里,依靠油的对流作用,将热量传给箱壁而散发到周围空气中.为了增加冷却效果,在箱壁上常装有许多散热油管.

> **小试身手**　　　　　　　　　小型干式变压器

实验用的小型干式变压器可以动手拆拆看,先观察是哪种铁芯结构的变压器?绕组如何绕制?再看看绝缘是怎么做的?铁芯的硅钢片是怎样叠压而成的?

3. 变压器的铭牌

铭牌是装在设备、仪器等外壳上的金属标牌,上面标有名称、型号、功能、规格、出厂日期、制造厂等字样,是用户安全、经济、合理使用变压器的依据. 变压器铭牌上的数据主要有以下几种:

① 型号. 表示变压器的结构特点、额定容量和高压侧的电压等级. 例如,S—100/10 表示三相油浸自冷铜绕组变压器,额定容量为 100kVA,高压侧电压等级为 10kV.

② 额定电压 U_{1N}/U_{2N}. 单位为 V 或 kV. U_{1N} 是指变压器正常工作时加在原绕组上的电压;U_{2N} 是原绕组加 U_{1N} 时副绕组的开路电压,即 U_{20}. 在三相变压器中,额定电压是指线电压.

③ 额定电流 I_{1N}/I_{2N}. 单位为 A. I_{1N}/I_{2N} 是指变压器原、副绕组连续运行所允许通过的电流. 在三相变压器中,额定电流是指线电流.

④ 额定容量 S_N. 单位为 V·A 或 kV·A. S_N 是指变压器额定的视在功率,即设计功率,通常叫做容量. 在三相变压器中,S_N 是指三相总容量. 额定容量 S_N、额定电压 U_{1N}/U_{2N}、额定电流 I_{1N}/I_{2N} 三者之间的关系如下:

$$单相变压器 \quad S_N = U_{1N}I_{1N} = U_{2N}I_{2N} \tag{15-1}$$

$$三相变压器 \quad S_N = \sqrt{3}U_{1N}I_{1N} = \sqrt{3}U_{2N}I_{2N} \tag{15-2}$$

除了额定电压、额定电流和额定功率外,变压器铭牌上还标有额定频率、效率、温升、短路阻抗电压值、联接组别、相数等.

【例 15-1】 有一台单相变压器,额定容量 $S_N = 100kV·A$,额定电压 $U_{1N}/U_{2N} = 10kV/0.4kV$,求正常运行时原、副绕组中的电流.

解
$$I_{1N} = \frac{S_N}{U_{1N}} = \frac{1\,000}{10}A = 100A$$

$$I_{2N} = \frac{S_N}{U_{2N}} = \frac{1\,000}{0.4}A = 2\,500A$$

4. 变压器的基本工作原理

变压器的主要部件是一个铁芯和套在铁芯上的两个绕组. 这两个绕组一般有不同的匝数,且互相绝缘,如图 15-6 所示.

实际上,两个绕组套在同一个铁芯柱上,以增大其耦合作用. 为了画图简明起见,常把两个绕组画成分别套在铁芯的两边. 在图中,与电源相连的绕组,接受交流电能,称为一次绕组;与负载相连的绕组,输出交流电能,称为二次绕组.

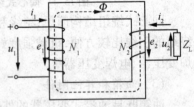

图 15-6　变压器的工作原理

规定一、二次绕组的电磁量及其参数分别附有下标"1"和"2". 一次绕组的电压、电流和电动势用 u_1、i_1、e_1 表示,其匝数为 N_1. 二次绕组的电压、电流和电动势用 u_2、i_2、e_2 表示,其匝数为 N_2. 两个绕组只有磁的耦合、没有电的联系. 当一次绕组加上交流电压 u_1 时,一次绕组

中便有交流电流 i_1 流过,这个交变电流 i_1 在铁芯中产生交变磁通 Φ,其频率与电源电压的频率一样.由于一、二次绕组套在同一铁芯柱上,Φ 同时穿过两个绕组,根据电磁感应定律,在一次绕组中产生自感电动势 e_1,二次绕组中产生互感电动势 e_2,其大小分别正比于一、二次绕组的匝数.二次绕组中有了电动势 e_2,便在输出端形成电压 u_2,接上负载后,二次侧产生电流 i_2,向负载供电,实现了电能的传递.只要改变一、二次绕组的匝数,就可以改变变压器一、二次绕组中感应电动势的大小,从而达到改变电压的目的.

> **温馨提示** 　　　　　　　　　　**正方向的确定**
>
> 变压器工作时,内部存在电压、电流、磁通以及感应电动势等多个物理量.分析计算时,首先要规定它们的正方向,依照电工习惯,同一支路中应选择电压、电动势与电流的参考方向一致;磁通的方向与产生它的电流方向符合右手螺旋定则;感应电动势的方向与产生它的磁通方向符合右手螺旋定则.

5. 变压器的运行分析

（1）变压器的空载运行

变压器的一次绕组接在具有额定电压的交流电源上,二次绕组开路(即不接负载),这种运行称为变压器的空载运行,如图 15-7 所示.

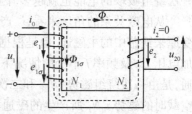

图 15-7　变压器空载运行原理图

二次侧开路,二次绕组内没有电流,一次绕组的电流 i_0 称为空载电流,该电流产生一个交变磁势 $i_0 N_1$,并建立交变磁场,故 i_0 也称励磁电流.绝大部分磁通在铁芯中流过,同时交链一次、二次绕组,称为主磁通,用 Φ 表示,在一次、二次绕组中感应产生感应电动势 e_1 和 e_2.少量磁通在空气中流过,仅交链一次绕组,称为漏磁通,用 $\Phi_{1\sigma}$ 表示,在一次绕组中感应产生漏电动势 $e_{1\sigma}$.

设穿过一次绕组的交变磁通为 $\Phi = \Phi_m \sin\omega t$,则一次绕组的感应电动势为

$$e_1 = -N_1 \frac{d\Phi}{dt} = 2\pi f N_1 \Phi_m \sin(\omega t - 90°) = E_{1m}\sin(\omega t - 90°) \tag{15-3}$$

上式表明,e_1 滞后于主磁通 Φ 90°,式中 E_{1m} 为感应电动势的最大值,把 E_{1m} 除以 $\sqrt{2}$,则得一次绕组感应电动势的有效值,即

$$E_1 = 4.44 f N_1 \Phi_m \tag{15-4}$$

同理,二次绕组感应电动势的有效值为

$$E_2 = 4.44 f N_2 \Phi_m \tag{15-5}$$

由基尔霍夫电压定律,可列出空载运行时一次、二次绕组的电压平衡方程式:

$$u_1 = i_0 r_1 + (-e_1) + (-e_{1\sigma}) \tag{15-6}$$

$$u_{20} = e_2 \tag{15-7}$$

由于空载电流 i_0 很小,故 $i_0 r_1$ 和 $e_{1\sigma}$ 均很小,故可以忽略不计,近似地认为 $u_1 \approx -e_1$,即

$$U_1 \approx E_1 = 4.44 f N_1 \Phi_m \tag{15-8}$$

$$U_{20} = E_2 = 4.44 f N_2 \Phi_m \tag{15-9}$$

一次、二次绕组电压之比为

$$\frac{U_1}{U_2} \approx \frac{E_1}{E_2} = \frac{N_1}{N_2} = k \tag{15-10}$$

式中，k 称为变压器的变比，即一次、二次绕组的匝数比. 当 $k>1$ 时，$U_1>U_2$，变压器起降压作用；当 $k<1$ 时，$U_1<U_2$，变压器起升压作用. 由此可见，变压器通过改变一次、二次绕组的匝数之比，就可以很方便地改变输出电压的大小.

（2）变压器的负载运行

变压器的一次绕组接在具有额定电压的交流电源上，二次绕组接上负载的运行，称为负载运行，如图 15-8 所示.

① 负载运行时的磁动势平衡方程.

二次绕组接上负载后，感应电动势 e_2 将在二次绕组中产生感应电流 i_2，同时一次绕组的电流从空载电流 i_0 相应地增大为负载电流 i_1，i_2 越大 i_1 也越大. 为什么一次绕组中的电流会变大呢？

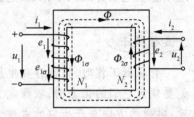

图 15-8　变压器负载运行原理图

从能量转换的角度来看，二次绕组接上负载后，产生 i_2，二次绕组向负载输出电能. 这些电能是由一次绕组从电源吸取通过主磁通 Φ 传递给二次绕组的. 二次绕组输出的电能越多，一次绕组吸取的电能也就越多. 因此，二次侧电流变化时，一次侧电流也会作相应的变化.

从电磁关系的角度来看，i_2 产生交变磁势 $i_2 N_2$，也要在铁芯中产生磁通，这个磁通力图改变原来铁芯中的主磁通. 但是根据 $U_1 \approx E_1 = 4.44 f N_1 \Phi_m$ 的关系式可以看出，在一次绕组的外加电压 U_1 及频率 f 不变的情况下，主磁通基本上保持不变. 这表明，变压器有载运行时的磁通，是由一次绕组磁势 $i_1 N_1$ 和二次绕组磁势 $i_2 N_2$ 共同作用下产生的合成磁通，它应与变压器空载时的磁势 $i_0 N_1$ 所产生的磁通相等，各磁势的相量关系式如下：

$$\dot{I}_1 N_1 + \dot{I}_2 N_2 = \dot{I}_0 N_1 \tag{15-11}$$

或

$$\dot{I}_1 N_1 = \dot{I}_0 N_1 + (-\dot{I}_2 N_2) \tag{15-12}$$

上式称为磁势平衡方程式. 它说明，负载运行时一次绕组建立的 $\dot{I}_1 N_1$ 分为两部分，其一是 $\dot{I}_0 N_1$，用来产生主磁通 Φ，称励磁分量；其二是 $(-\dot{I}_2 N_2)$，用来抵消二次磁势的影响，称负载分量.

② 电流变换作用.

由于空载电流很小，在额定情况下，$\dot{I}_0 N_1$ 相对于 $\dot{I}_1 N_1$ 或 $\dot{I}_2 N_2$ 可以忽略不计，由式（15-12）可得

$$\dot{I}_1 N_1 \approx -\dot{I}_2 N_2 \tag{15-13}$$

用有效值表示，则有

$$I_1 N_1 \approx I_2 N_2 \tag{15-14}$$

即

$$\frac{I_1}{I_2} \approx \frac{N_2}{N_1} = \frac{1}{k} \tag{15-15}$$

上式说明，变压器一次、二次绕组的电流在数值上近似地与它们的匝数成反比. 必须注意，变压器一次绕组电流 I_1 的大小是由二次绕组电流 I_2 的大小来决定的.

小试身手　绕组的判断

观察一个实际变压器,要求不作任何测量,找出区分高压绕组和低压绕组的方法.

由于高压绕组匝数多,它所通过的电流小,绕组线径可细些;而低压绕组的匝数少,它所通过的电流大,绕组线径要粗些.

【例 15-2】 某变压器的电压为 3 000V/220V,二次绕组接有一台 $P=25\text{kW}$ 的电阻炉,求变压器一次、二次绕组的电流.

解 二次绕组的电流就是电阻炉的工作电流:

$$I_2 = \frac{P}{U_2} = \frac{25\,000}{220}\text{A} \approx 114\text{A}$$

由式(15-10)及式(15-15),可得一次、二次绕组电压、电流的关系:

$$\frac{U_1}{U_2} = \frac{N_1}{N_2} = \frac{I_2}{I_1} = k$$

故一次绕组电流为　　$I_1 = \frac{U_2}{U_1} \times I_2 = \frac{U_2}{U_1} \times \frac{P}{U_2} = \frac{25\,000}{3\,000}\text{A} \approx 8.33\text{A}$

③ 变压器的阻抗变换.

在电子设备中,为了获得较大的功率输出,往往对负载的阻抗有一定要求.然而负载阻抗是给定的,不能随便改变,为了使它们之间配合得更好,常采用变压器来获得所需要的等效阻抗,变压器的这种作用称为阻抗变换.

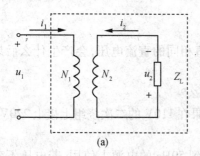
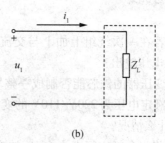

图 15-9　变压器的阻抗变换

其原理电路如图 15-9 所示,图(a)中虚线部分的总阻抗可以直接用一个接于一次侧的等效电阻 Z_L' 来代替,如图 15-9(b)所示.其中 Z_L 为负载阻抗,其端电压为 U_2,流过的电流为 I_2,变压器的变比为 k,则 $Z_L = \frac{U_2}{I_2}$,变压器一次绕组中的电压和电流分别为 $U_1 = kU_2, I_1 = I_2/k$.从变压器输入端看,等效的输入阻抗 Z_L' 为

$$Z_L' = \frac{U_1}{I_1} = \frac{kU_2}{I_2/k} = k^2\frac{U_2}{I_2} = k^2 Z_L \tag{15-16}$$

上式表明负载阻抗 Z_L 反映到电源侧的输入等效阻抗 Z_L',其值扩大了 k^2 倍.因此只需改变变压器的变比 k,就可把负载阻抗变换为所需数值.

小知识　变压器阻抗变换的应用

变压器阻抗变换在电子技术中经常用到.例如,在扩音机设备中,如果把喇叭直接接到扩音机上,由于喇叭的阻抗很小,扩音机电源发出的功率大部分消耗在本身的内阻抗上,喇叭获得的功率很小,声音微弱.理论推导和实验测试都可以证明:负载阻抗等于扩音机电源内阻抗时,可在负载上得到最大的输出功率,称为阻抗匹配.因此,在大多数的扩音机设备与喇叭之间都接有一个变阻抗的变压器,通常称之为线间变压器.

【例 15-3】 交流信号源的电动势 $E=120\text{V}$,内阻 $r_0=800\Omega$,负载 $R_\text{L}=8\Omega$.(1)将负载直接与信号源相连时,求信号源输出功率;(2)将交流信号源接在变压器一次侧,R_L 接在二次侧,通过变压器实现阻抗匹配(即 $R_\text{L}'=r_0$),求变压器的匝数比和信号源的输出功率.

解 (1)负载直接与信号源相连,

$$I=\frac{E}{r_0+R_\text{L}}=\frac{120}{800+8}\text{A}\approx 0.15\text{A}$$

输出功率为

$$P=I^2 R_\text{L}=0.18\text{W}$$

(2)变压器的匝数比为

$$k=\sqrt{\frac{R_\text{L}'}{R_\text{L}}}=\sqrt{\frac{800}{8}}=10$$

$$I=\frac{E}{r_0+R_\text{L}'}=\frac{120}{800+800}\text{A}=0.075\text{A}$$

输出功率为

$$P=I^2 R_\text{L}'=4.5\text{W}$$

以上计算说明,同一负载经变压器阻抗匹配后,信号源输出功率大于与信号源直接相连时的输出功率.

八、优化训练

15-1 若在一次绕组上加上与交流电压数值相同的直流电压,会产生什么后果,这时二次绕组有无电压输出?

15-2 变压器的铁芯能否制成一整块?为什么?

15-3 额定电压为 220V/110V 的变压器,如果在 110V 的二次绕组上接上 220V 的交流电压,会发生什么情况?

15-4 将一台额定频率为 60Hz 的变压器接到 50Hz 的电源上使用,若电压不变,则铁芯中的磁通 Φ 和空载励磁电流 I_0 会发生什么变化?

15-5 某变压器的电压为 220V/36V,二次绕组接有一盏 36V、100W 的灯泡.求:(1)若变压器一次绕组的匝数是 825 匝,求二次绕组的匝数是多少?(2)二次侧灯泡点亮时,变压器一次、二次绕组中的电流各为多少?

15-6 有一降压变压器 380V/36V,在接有电阻性负载时,测得 $I_2=3\text{A}$,若变压器的效率为 85%.试求该变压器的损耗、二次侧功率和一次绕组中的电流 I_1.

15-7 单相变压器 $U_1=220\text{V}$,二次绕组有两个,电压分别是 110V 和 44V.如一次绕组为 440 匝.(1)求两个二次绕组的匝数;(2)设在 110V 的二次绕组电路中,接有 100W、110V 的电灯 11 盏,求一次、二次绕组的电流.

15-8 某晶体管收音机的输出变压器,其一次绕组匝数 $N_1=240$ 匝,二次绕组匝数 $N_2=60$ 匝,原配接有音圈阻抗为 4Ω 的电动式扬声器.现要改接 16Ω 的扬声器,二次绕组匝数如何变动?

课题十六

三相变压器和特殊变压器

一、学习指南

本课题以电流互感器的应用为项目,介绍了三相变压器的磁路和电路系统,并就其特点加以探讨.最后介绍自耦变压器、电压互感器和电流互感器的工作原理及结构特点.

二、学习目标

- 理解三相变压器磁路和电路系统的特点.
- 掌握自耦变压器、电压互感器和电流互感器的工作原理及结构特点.

三、学习重点

特殊变压器.

四、学习难点

特殊变压器.

五、学习时数

3学时.

六、任务书

项目	电流互感器的应用		时间	2学时
工具材料	电流互感器($5A$,$K=2$、3、4、5),交流电流表两只,白炽灯泡($220V$、$60W$)五只			
操作要求	1. 断开实验台电源,将调压器手柄逆时针旋到底(即输出为0V位置)。 2. 利用灯组负载,按图16-1接线,并连接3—4。其中W、N为实验台上三相调压器输出中一相电压的接线端子。经指导老师检查无误后方可接通实验台电源。 3. 接通实验台电源,缓慢旋动调压器,使输出电压为220V。 4. 依次点亮1只、3只和5只灯泡,并依次记下两个交流电流表A_1、A_2的值后,将调压器的输出电压调到0V,断开实验台电源。 5. 依次将电流互感器的端子接线改为3—5连接、3—6连接和3—7连接,重复3、4两步。 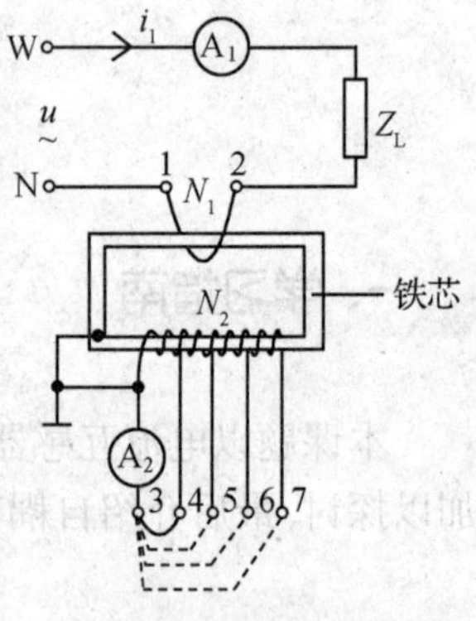			图16-1 项目16

测量记录	标示变流比	亮1灯			亮3灯			亮5灯		
		A_1	A_2	实测变流比	A_1	A_2	实测变流比	A_1	A_2	实测变流比
	2									
	3									
	4									
	5									

计算与思考	1. 根据所测得的不同负载和不同标示变流比下的A_1、A_2值,计算实测变流比,并总结其规律。 2. 计算测量误差,并分析误差原因。 3. 电流互感器接入被测线路后,其二次绕组为什么不允许开路? 4. 电流互感器变流比的含义是什么?
体会	
注意事项	1. 实验中用到220V交流电源,应注意安全操作,每次改变接线都应将调压器的输出电压调至最低,并断开实验台电源。 2. 在增加亮灯数或改变变流比之前,注意选好A_1、A_2两表的量程。

七、知识链接

1．三相变压器

(1) 磁路系统

现代的电力系统大都是三相制,因而广泛使用三相变压器.三相变压器可由三台同容量的单相变压器组成,三相磁路彼此无关联,称为三相变压器组,如图 16-2 所示.但大部分三相变压器采用三相共有一个铁芯的三相心式变压器,三相磁路彼此有关联,这种变压器的铁芯结构如图 16-3(c)所示,它是由彼此无关的磁路演变而来的,每相磁通都以其余两相的铁芯柱作为闭合回路.

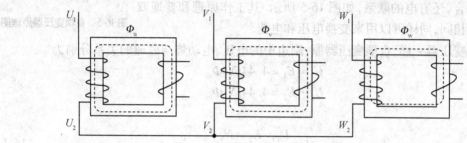

图 16-2 三相变压器组的磁路系统

如果把三个单相心式变压器的铁芯放在一起,如图 16-3(a)所示,在对称运行时,三相主磁通是对称的,其相量和等于零,即 $\dot{\Phi}_U + \dot{\Phi}_V + \dot{\Phi}_W = 0$. 由此可知公共铁芯柱中的磁通等于零,可以把它去掉,简化成如图 16-3(b)所示的铁芯.实际制造时,通常把三相铁芯柱布置在同一平面上,如图 16-3(c)所示,这样三相磁路之间就有相互联系了.

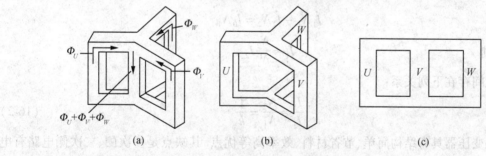

图 16-3 三相心式变压器的磁路系统的演变

(2) 电路系统

三相心式变压器如图 16-4 所示.它的铁芯上有三个铁芯柱,每个铁芯柱上都套装有一次、二次绕组.一次绕组的首端和末端分别用 U_1、V_1、W_1 和 U_2、V_2、W_2 表示,二次绕组则用 u_1、v_1、w_1 和 u_2、v_2、w_2 表示.三相变压器的一次、二次绕组都可以接成星形或三角形,连接方式用连接组号表示.例如 Y, dn,其中第一个字母表示一次绕组接成星形,第二个字母表示二次绕组接成三角形, n 代表一次线电压与二

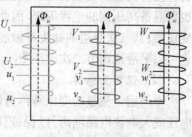

图 16-4 三相心式变压器

次线电压之间相位差相当于30°的倍数.

2. 特殊变压器

在一些特殊的场合对变压器有一些特殊的要求.将普通变压器的结构和性能作一定的改进以适应不同的要求,就形成了特殊变压器.

(1) 自耦变压器

在生产和科学实验中,往往需要平滑地调节交流电压,一个最简单的方法是用自耦变压器来调压,它在实验室和某些电子设备中经常用到.

自耦变压器的结构特点是一次、二次绕组共用一个绕组,二次绕组是从一次绕组抽头而来.所以自耦变压器的一次、二次绕组之间不仅有磁的耦合,还有电的联系,如图16-5所示.其工作原理和普通双绕组变压器相同,同样可以用来变换电压和电流.

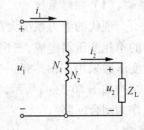

图16-5 自耦变压器原理图

和普通变压器一样,自耦变压器原、副边中的电压、电动势与磁通的关系分别为

$$U_1 \approx E_1 = 4.44fN_1\Phi_m$$
$$U_2 \approx E_2 = 4.44fN_2\Phi_m$$

变比为

$$k = \frac{U_1}{U_2} \approx \frac{E_1}{E_2} = \frac{N_1}{N_2} \tag{16-1}$$

因此,只要改变抽头的位置,即可在二次侧获得所需电压.

由图16-5可知,当自耦变压器二次绕组接上负载有电流$\dot{I}_2$输出时,与普通变压器的原理类似,有下列关系:

$$\dot{I}_1(N_1 - N_2) + (\dot{I}_1 - \dot{I}_2)N_2 = \dot{I}_0 N_1$$

化简得

$$\dot{I}_1 N_1 - \dot{I}_2 N_2 = \dot{I}_0 N_1$$

忽略$\dot{I}_0$,则

$$\dot{I}_1 \approx \frac{N_2}{N_1}\dot{I}_2$$

有效值之间存在下列关系:

$$\frac{I_1}{I_2} \approx \frac{N_2}{N_1} = \frac{1}{k} \tag{16-2}$$

自耦变压器具有结构简单、节省材料、效率高等优点.其缺点是一次侧、二次侧电路有电的联系,可能发生把高电压引入低压绕组的危险事故.例如,当高压绕组绝缘损坏时,高电压会直接传到低压绕组;当公共绕组断路时,输入与输出电压是相等的.所以低压侧的电气设备也要具备高压侧的绝缘等级.因此规定自耦变压器不能用做安全变压器.低压小容量的自耦变压器,其二次绕组的抽头常做成沿线圈自由滑动的触头,这种自耦变压器称为自耦调压器,它可以平滑地调节二次电压$U_2 = 0 \sim U_1$.在实验室中常用自耦变压器等调节实验所需电压.

(2) 仪用互感器

专门用于测量的变压器称为仪用互感器,简称互感器.使用互感器可以使测量仪表与高电压或大电流电路隔离,以保证仪表和人身的安全;还可扩大仪表的量程,便于仪表的标准化.因此在交流电压、电流和电能的测量中,以及各种保护和控制电路中,互感器的应用是相当广泛的. 根据用途的不同, 互感器可以分为电压互感器和电流互感器两种, 下面分别介绍它们的工作原理和使用方法.

① 电压互感器.

电压互感器相当于一台小型的降压变压器, 一次绕组匝数多, 二次绕组匝数少, 如图 16-6 所示. 将一次绕组并联在被测的高压电路上, 二次绕组和电压表相连, 由变压器原理, 得

$$\frac{U_1}{U_2} = \frac{N_1}{N_2} = k$$

若接在二次绕组的电压表读数为 U_2, 则被测电压为

$$U_1 = kU_2 \qquad (16-3)$$

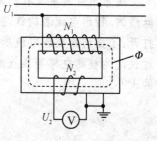

图 16-6 电压互感器原理图

通常电压互感器二次绕组额定电压设计为 100V. 为读数方便起见, 仪表按一次绕组额定值刻度, 这样可以直接读出被测电压值. 电压互感器的额定电压等级有 6 000V/100V、10 000V/100V 等.

使用电压互感器的注意事项:

a. 二次绕组绝不允许短路. 电压互感器正常运行时接近空载, 如二次绕组短路, 则电流变得很大, 绕组过热, 易烧毁.

b. 外壳和二次绕组必须可靠接地. 防止因高压侧绝缘击穿时, 将高压引入低压侧, 对仪表造成损坏和危及人身安全.

② 电流互感器.

电流互感器一次绕组导线粗, 匝数很少, 串联在被测电路中; 二次绕组导线细, 匝数较多, 与电流表串接成闭合回路, 如图 16-7 所示.

根据变压器变换电流原理, 有

$$\frac{I_1}{I_2} = \frac{N_2}{N_1} = \frac{1}{k}$$

若接在二次绕组的电流表读数为 I_2, 则被测电流为

$$I_1 = \frac{1}{k} I_2 \qquad (16-4)$$

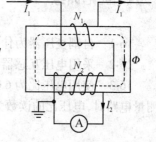

图 16-7 电流互感器原理图

通常电流互感器二次绕组额定电流设计为 5A. 当与测量仪表配套使用时, 电流表按一次侧的电流值标出, 即从电流表上直接读出被测电流值. 电流互感器的额定电流等级有 100A/5A、500A/5A、2 000A/5A 等.

使用电流互感器的注意事项:

a. 二次绕组绝不允许开路. 因为在正常工作时, 一次、二次侧合成磁势 ($I_1 N_1 + I_2 N_2$) 的值很小, 若二次侧开路, 即 I_2 为零, 由于一次侧负载电流不变, 电流互感器中的磁势为 $I_1 N_1$, 铁芯中的磁通将急剧增大, 铁损耗增大, 使铁芯严重过热, 以致烧坏绕组绝缘或使高压对地短路. 另外, 由于二次绕组匝数比一次绕组多许多倍, 可使二次绕组感应出比原来大许多的高电压, 可能击穿设备绝缘和对人身产生危险.

b. 外壳和二次绕组必须可靠接地.

小知识

钳形电流表

通常用普通电流表测量电流时,需要将电路切断后才能将电流表接入进行测量,这是很麻烦的.钳形电流表的铁芯如同一个钳子,用弹簧压紧,如图16-8所示.测量时捏紧手柄,钳口打开,不必切断被测电流所通过的导线就可穿过铁芯张开的缺口.当放开手柄后铁芯闭合,穿过铁芯的被测电路导线就成为电流互感器的一次绕组,则可以从电流表上直接读出被测电流的大小.

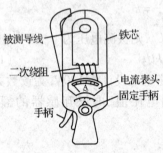

图16-8 钳形电流表

八、优化训练

16-1 自耦变压器为什么能改变电压?有何优缺点?使用时应注意什么?

16-2 采用电压互感器和电流互感器有什么优点?使用时应注意什么?

16-3 使用电压比为6 000V/100V的电压互感器和电流比为100V/5V的电流互感器来测量电路时,电压比的读数为96V,电流表的读数为3.5A,求被测电路的实际电压和电流.

第八单元 三相异步电动机

课题十七 三相异步电动机的结构和工作原理

一、学习指南

本课题以三相异步电动机为主要研究对象,从判别三相鼠笼式异步电动机电机绕组首、末端的方法入手,介绍三相异步电动机的基本结构、铭牌数据,阐述旋转磁场的产生,分析三相异步电动机的工作原理.由于三相异步电动机的运行分析有许多地方与变压器类似,因此这里只作了简单说明.

二、学习目标

- 掌握三相异步电动机的基本结构.
- 了解三相异步电动机的铭牌数据.
- 理解三相异步电动机的工作原理.

三、学习重点

三相异步电动机的定子绕组,三相异步电动机的工作原理.

四、学习难点

三相异步电动机的工作原理.

五、学习时数

4 学时.

六、任务书

项目	三相鼠笼式异步电动机电机绕组首、末端的判别方法	学时	2
工具材料	三相可调交流电源,三相鼠笼式异步电动机,万用表		
操作要求	用万用表欧姆挡从六个出线端确定哪一对引出线是属于同一相的,分别找出三相绕组,并标以符号,如 A、X、B、Y、C、Z。将其中的任意两相绕组串联,如图 17-1 所示. 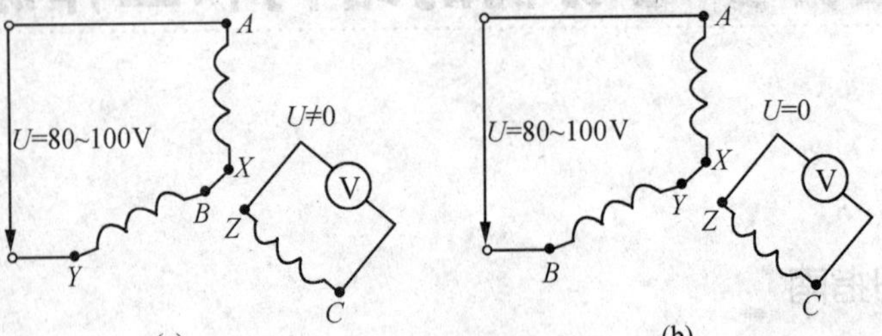 图 17-1　项目 17 　　将三相自耦调压器手柄置零位,开启电源总开关,按下启动按钮,接通三相交流电源.调节调压器输出,给串联的两相绕组出线端施以单相低电压 $U = 80 \sim 100\mathrm{V}$,测出第三相绕组的电压,如测得的电压值有一定读数,表示两相绕组的末端与首端相联,如图 17-1(a)所示.反之,如测得的电压近似为零,则两相绕组的末端与末端(或首端与首端)相联,如图 17-1(b)所示.用同样方法可测出第三相绕组的首、末端.		
计算与思考	1. 根据实验结果,分别标出三相绕组的首、末端. 2. 如何判断异步电动机的六个引出线,如何将它们连接成星形或三角形,又根据什么来确定该电动机作星形联接或三角形联接?		
体会			
注意事项	本实验是强电实验,接线前(包括改接线路)、实验后都必须断开实验线路的电源,特别在改接线路和拆线时必须遵守"先断电,后拆线"的原则.电动机在运转时,电压和转速均很高,切勿触碰导电和转动部分,以免发生人身和设备事故.为了确保安全,学生应穿绝缘鞋进入实验室.接线或改接线路必须经指导教师检查后方可进行实验.		

七、知识链接

1. 三相异步电动机的特点和用途

现代各种机械都广泛应用电动机来拖动.电动机按电源的种类可分为交流电动机和直流电动机.交流电动机又分为异步电动机和同步电动机两种,其中异步电动机具有结构简单、工作可靠、价格低廉、维护方便、效率较高等优点,它的缺点是功率因数较低,调速性能不如直流电动机.异步电动机是所有电动机中应用最广泛的一种.一般的机床、起重机、传送带、鼓风机、水泵以及各种农副产品的加工等都普遍使用三相异步电动机,各种家用电器、医疗器械和许多小型机械则使用单相异步电动机,而在一些有特殊要求的场合则使用特种异步电动机.

2. 三相异步电动机的结构

三相异步电动机的结构由两个基本部分组成:一是固定不动的部分,称为定子;二是旋转部分,称为转子.定子和转子之间有一个很窄的空气隙,如图17-2所示.

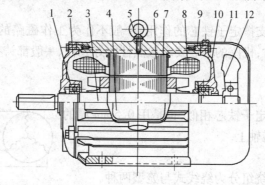

1. 轴承;2. 前端盖;3. 转轴;4. 接线盒;5. 吊环;6. 定子铁芯;
7. 转子;8. 定子绕组;9. 机座;10. 后端盖;11. 风罩;12. 风扇

图17-2 三相异步电动机结构示意图

(1) 定子

定子是用来产生旋转磁场的.三相电动机的定子一般由定子铁芯、定子绕组和机座等部分组成.

① 定子铁芯.

定子铁芯是电动机磁路的一部分,由 0.35～0.5mm 厚表面涂有绝缘漆的薄硅钢片叠压而成,如图17-3所示.由于硅钢片较薄而且片与片之间是绝缘的,所以减少了由于交变磁通通过而引起的铁芯损耗和涡流损耗.铁芯内圆有均匀分布的槽口,用来嵌放定子绕阻.

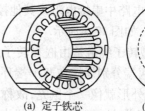 

(a) 定子铁芯　　(b) 定子冲片

图17-3 定子铁芯及冲片示意图

② 定子绕组.

定子绕组是三相电动机的电路部分,它的作用是产生旋转磁场.三相绕组由三个彼此独立的绕组组成,且每个绕组又由若干线圈连接而成.每个绕组即为一相,每个绕组在空间相差120°电角度.线圈由绝缘铜导线或绝缘铝导线绕制.

三相定子绕组的六个出线端都引至接线盒上,首端分别标为 U_1、V_1、W_1,末端分别标为 U_2、V_2、W_2.这六个出线端在接线盒里的排列如图17-4所示,可以接成星形或三角形.

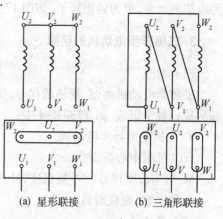

(a) 星形联接　　(b) 三角形联接

图17-4 三相定子绕组及联接法

如果电动机所接入的电源的线电压等于电动机的额定相电压(即每相绕组的额定电压),

那么,它的绕组应该接成三角形;如果电源的线电压是电动机额定相电压的$\sqrt{3}$倍,那么,它的绕组就应该接成星形.通常电动机的铭牌上标有符号Y/△和数字380/220,前者表示定子绕组的接法,后者表示对应于不同接法应加的线电压值.

温馨提示   **三相定子绕组的联接**

三相定子绕组在接线时如果没有按照首、末端的标记来接,则当电动机起动时磁势和电流就会不平衡,因而引起绕组发热、振动、有噪音,甚至电动机不能起动、过热而烧毁.

③ 机座.

机座主要起固定和支撑定子铁芯的作用,一般不作为工作磁路的组成部分,大多采用铸铁或铸钢浇铸而成.通常,机座的外表要求散热性能好,所以一般都铸有散热片.

（2）转子

① 转子铁芯.

转子铁芯的作用和定子铁芯相似,也是用0.5mm厚的硅钢片叠压而成,套在转轴上.

② 转子绕组.

异步电动机的转子绕组分为绕线式与笼型两种.

a. 绕线式转子绕组与定子绕组一样,也是一个三相绕组,一般接成星形,三相引出线分别接到转轴上的三个与转轴绝缘的集电环上,再通过电刷装置与外电路相连,这就有可能在转子电路中串接电阻或其他控制装置以改善电动机的运行性能,如图17-5所示.

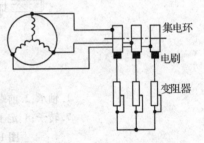

图17-5 绕线式转子示意图

b. 笼型转子绕组是由嵌在转子铁芯槽内的若干铜条组成的,两端分别焊接在两个端环上.如果去掉铁芯,转子绕组的外形就像一个鼠笼,故称笼型转子,如图17-6(a)所示.目前中小型笼型电动机大都在转子铁芯槽中浇注铝液,铸成笼型绕组,并在端环上铸出许多叶片,作为冷却的风扇,成为铸铝转子,如图17-6(b)所示.

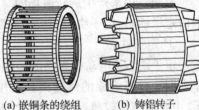

(a) 嵌铜条的绕组   (b) 铸铝转子

图17-6 笼型转子

3. 三相异步电动机的铭牌

（1）型号

型号是电动机类型、规格的代号.国产异步电动机的型号由汉语拼音字母、国际通用符号和阿拉伯数字组成.如Y180M-4中:

Y:三相笼型异步电动机.

180:机座中心高180mm.

M:机座长度代号(S—短机座,M—中机座,L—长机座).

4:磁极数(磁极对数$p=2$).

（2）接法

接法是指电动机在额定电压下三相定子绕组的连接方式.一般功率在3kW及以下的电动机为星形接法,4kW及以上的电动机为三角形接法.

(3) 额定频率 f_N(Hz)

额定频率是指电动机定子绕组所加交流电源的频率,我国工业用交流电源的标准频率为50Hz.

(4) 额定电压 U_N(V)

额定电压是指电动机在正常运行时加到定子绕组上的线电压.

(5) 额定电流 I_N(A)

额定电流是指电动机在正常运行时,定子绕组线电流的有效值.

(6) 额定功率 P_N(kW)和额定效率 η_N

额定功率也称额定容量,是指在额定电压、额定频率、额定负载运行时,电动机轴上输出的机械功率.

额定效率是指输出机械功率与输入电功率的比值.

额定功率与额定电压、额定电流之间存在以下关系:

$$P_N = \sqrt{3} U_N I_N \cos\varphi_N \eta_N \tag{17-1}$$

(7) 额定转速 n_N(r/min)

额定转速是指在额定频率、额定电压和额定输出功率时电动机每分钟的转数.

(8) 额定功率因数 $\cos\varphi_N$

三相异步电动机的功率因数较低,在额定运行时约为0.7~0.9,空载时只有0.2~0.3,因此,必须正确选择电动机的容量,防止"大马拉小车",并力求缩短空载运行时间.

【例17-1】 一台三相异步电动机 $P_N=10\text{kW}, U_N=380\text{V}, \cos\varphi_N=0.86, \eta_N=0.88$,试计算电动机的额定电流 I_N.

解 $I_N = \dfrac{P_N}{\sqrt{3} U_N \cos\varphi_N \eta} = \dfrac{10 \times 10^3}{\sqrt{3} \times 380 \times 0.86 \times 0.88}\text{A} = 20.1\text{A}$

4. 三相异步电动机的工作原理

(1) 旋转磁场

① 旋转磁场的产生.

三相异步电动机转子之所以会旋转、实现能量转换,是因为转子气隙内有一个旋转磁场.下面来讨论旋转磁场的产生.

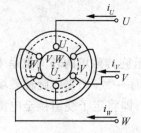 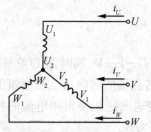 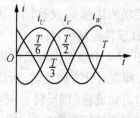

图17-7 三相定子绕组的放置和接线图　　图17-8 三相对称电流波形图

如图17-7所示,U_1U_2、V_1V_2、W_1W_2 为三相定子绕组,在空间彼此相隔120°,接成星形.三相绕组的首端 U_1、V_1、W_1 接在三相对称电源上,有三相对称电流 i_U、i_V、i_W 通过三相绕组,其波形如图17-8所示.

现在选择几个瞬时来分析三相交变电流流经三相绕组时所产生的合成磁场.为了分析方

便,假设电流为正值时,在绕组中从首端流向末端;电流为负值时,在绕组中从末端流向首端.

在 $\omega t=0, t=0$ 时,$i_U=0$,i_V 为负(电流从 V_2 端流到 V_1 端),i_W 为正(电流从 W_1 端流到 W_2 端),按右手螺旋法则确定三相电流产生的合成磁场,如图 17-9(a)所示. 在 $\omega t=60°$ $\left(t=\dfrac{T}{6}\right)$ 时,i_U 为正(电流从 U_1 端流到 U_2 端),i_V 为负(电流从 V_2 端流到 V_1 端),$i_W=0$,此时的合成磁场如图 17-9(b)所示,合成磁场已从 $\omega t=0°$ 瞬间所在位置顺时针方向旋转了 $\dfrac{\pi}{3}$ 角度. 在 $\omega t=120°$ $\left(t=\dfrac{T}{3}\right)$ 时,i_U 为正,$i_V=0$,i_W 为负,此时的合成磁场如图 17-9(c)所示,合成磁场已从 $\omega t=0°$ 瞬间所在位置顺时针方向旋转了 $120°$. 在 $\omega t=180°$ $\left(t=\dfrac{T}{2}\right)$ 时,$i_U=0$,i_V 为正,i_W 为负,此时的合成磁场如图 17-9(d)所示,合成磁场从 $\omega t=0°$ 瞬间所在位置顺时针方向旋转了 $180°$.

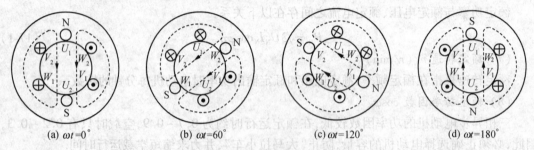

(a) $\omega t=0°$ (b) $\omega t=60°$ (c) $\omega t=120°$ (d) $\omega t=180°$

图 17-9 两极旋转磁场示意图

由此可见,对称三相电流分别通入对称三相绕组 U_1U_2、V_1V_2、W_1W_2 中所形成的合成磁场,是一个随时间变化的旋转磁场. 以上分析的是电动机产生一对磁极时的情况,当定子绕组连接形成的是两对磁极时,运用相同的方法可以分析出此时电流变化一个周期,磁场只转动了半圈,即转速减慢了一半.

由此类推,当旋转磁场具有 p 对极时(即磁极数为 $2p$),交流电每变化一个周期,其旋转磁场就在空间转动 $\dfrac{1}{p}$ 转. 因此,三相电动机定子旋转磁场每分钟的转速 n_1、定子电流频率 f 及磁极对数 p 之间的关系是

$$n_1=\dfrac{60f}{p} \tag{17-2}$$

旋转磁场的转速 n_1 又称同步转速.

② 旋转磁场的转向.

图 17-7 中绕组内电流的相序是 $U—V—W$,同时图 17-9 中所示旋转磁场的转向也是 $U—V—W$,即顺时针方向旋转. 所以,旋转磁场的转向与三相电流的相序一致. 如要使旋转磁场按逆时针方向旋转(即反转),只要改变通入三相绕组中电流的相序,即将定子绕组接至电源的三根导线中的任意两根线对调,就可实现.

  缺相运行

缺相是三相异步电动机运行中的一大故障,在起动或运转时发生缺相,会出现什么现象?有何后果?

(2) 三相异步电动机的转动原理

三相对称交流电通入定子绕组后,便形成了一个旋转磁场,把旋转磁场假设为一对 N 极在上、S 极在下的磁极,按顺时针方向旋转. 这时转子绕组与旋转磁场之间存在相对运动,切割磁感线,根据电磁感应原理,转子绕组产生感应电动势 e_2,电动势的方向可以根据右手定则确定. 由于转子绕组是闭合的,则转子绕组内有电流 i_2 流过,如图 17-10 所示,在上半部转子绕组的电动势和电流方向由里向外,用 ⊙ 表示;在下半部则由外向里,用 ⊗ 表示. 流过电流的转子导体在磁场中要受到电磁力 F 作用,方向根据左手定则确定,该力在转子的轴上形成电磁转矩,且转矩的方向与旋转磁场的方向相同,转子受此转矩作用,便按旋转磁场的方向旋转起来,转速为 n.

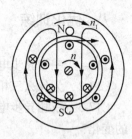

图 17-10 异步电动机的转动原理示意图

小知识　　　　　　　　　　"异步"的由来

异步电动机转子的转速 n 总是小于旋转磁场的转速 n_1,因为如果两者相等,就意味着转子与旋转磁场之间没有相对运动,转子导体不再切割磁场,便不能感应电动势 e_2 和产生电流 i_2,也就没有电磁转矩,转子将无法继续旋转. 由此可见 $n \neq n_1$,且 $n < n_1$,是异步电动机工作的必要条件,"异步"的名称也由此而来.

旋转磁场转速 n_1 与转子转速 n 之差与转速 n_1 之比称为异步电动机的转差率 s,即

$$s = \frac{n_1 - n}{n_1} \tag{17-3}$$

转差率 s 是分析异步电动机运行情况的重要参数. 当电动机刚起动时,$n = 0$,$s = 1$;当电动机空载时,$n \approx n_1$,$s \approx 0$. 可见异步电动机处于电动状态时,转差率的变化范围总在 0 和 1 之间,即 $0 < s < 1$. 通常异步电动机在额定负载时,n 接近于 n_1,转差率 s 很小,约为 0.01~0.05.

小试身手　　　　　　　　　　电磁驱动现象

在 U 形的磁铁中间放一个铝框,如果转动磁铁,形成一个旋转磁场,观察铝框会如何转动?

当异步电动机的转子旋转时,如果在轴上带有机械负载,则电动机输出机械能. 从物理本质上来分析,异步电动机的运行与变压器相似,即电能从电源输入定子绕组(一次绕组),通过电磁感应的形式,以旋转磁场作媒介,传送到转子绕组(二次绕组),而转子中的电能通过电磁力的作用变换成机械能输出. 因此,异步电动机的运行分析和变压器类似.

【例 17-2】 一台三相四极异步电动机,额定频率 $f_N = 50$Hz,额定转速 $n_N = 1\,440$r/min,计算额定转差率 s_N.

解
$$n_1 = \frac{60 f_1}{p} = \frac{60 \times 50}{2} \text{r/min} = 1\,500 \text{r/min}$$

$$s_N = \frac{n_1 - n_N}{n_1} = \frac{1\,500 - 1\,440}{1\,500} = 0.04$$

八、优化训练

17-1 三相异步电动机的旋转磁场是如何产生的？其转速和转向由什么决定？

17-2 为什么三相异步电动机的转速 n 和旋转磁场 n_1 之间有差别，才能使电动机转动？

17-3 三相异步电动机转子轴上的机械负载发生变化时，为什么会引起定子输入电功率的变化？

17-4 一台三相异步电动机的额定电压为220V，频率为60Hz，转速为1 140r/min，求电动机的极数、转差率。

17-5 异步电动机的额定电压是220V/380V，当三相电源的线电压分别为220V和380V时，问电动机的定子绕组各应作何种接法？

17-6 三相异步电动机转子电路断开能否起动运行？为什么？

17-7 三相异步电动机的 $P_N = 4\text{kW}$，$I_{1N} = 9.4\text{A}$，$U_{1N} = 380\text{V}$，$f_N = 50\text{Hz}$，$\eta_N = 84\%$，$n_N = 960\text{r/min}$。求该电动机的额定转差率 s_N、输入功率 P_1 及功率因数 $\cos\varphi_N$。

17-8 三相异步电动机正常运行时，如果转子突然被卡住而不能转动，试问这时电动机的电流有何改变？对电动机有何影响？

课题十八

三相异步电动机的电力拖动

一、学习指南

本课题以研究三相鼠笼式异步电动机的起动和反转方法为任务,先介绍电磁转矩的物理表达式,引出电磁转矩和转差率之间的转矩特性,从而推导出转速与电磁转矩的机械特性,着重介绍了三相异步电动机电力拖动,主要是电动机的起动、调速和制动.

二、学习目标

- 理解三相异步电动机的电磁转矩特性.
- 掌握三相异步电动机的机械特性.
- 理解三相异步电动机的起动方法.
- 理解三相异步电动机的调速方法.
- 理解三相异步电动机的制动方法.

三、学习重点

三相异步电动机的机械特性,三相异步电动机的电力拖动.

四、学习难点

三相异步电动机的电力拖动.

五、学习时数

6学时.

六、任务书

项目	三相鼠笼式异步电动机的起动和反转方法	时间	2 学时
工具材料	三相可调交流电源,三相鼠笼式异步电动机,电流表		
操作要求	1. 三相鼠笼式异步电动机三角形起动,按图 18-1(a)接线,电动机三相定子绕组接成三角形接法,供电线电压为 380V。按控制屏上的启动按钮,电动机直接起动,观察起动瞬间电流冲击情况及电动机旋转方向,记录起动电流。当起动运行稳定后,将电流表量程切换至较小量程挡位上,记录空载电流。 2. 星形起动,按图 18-1(b)接线,电动机三相定子绕组接成星形接法,重复 1 中各项内容,记录之。 3. 异步电动机的反转,按图 18-1(c)接线,起动电动机,观察起动电流及电动机旋转方向是否反转? 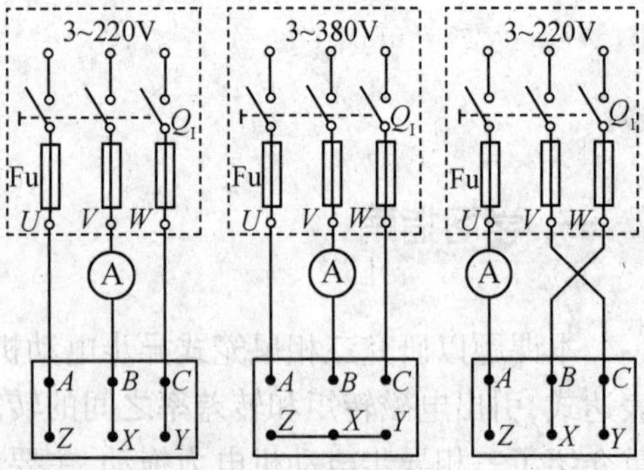 实验完毕,将自耦调压器调回零位,按控制屏上的停止按钮,切断实验线路三相电源。		

(a) 三角形起动　　(b) 星形起动　　(c) 反转

图 18-1　项目 18

测量记录	电路状态	线电压/V	相电压/V	起动电流/A	空载电流/A	旋转方向
	三角形起动					
	星形起动					
	反转					

计算与思考	1. 如何判断异步电动机的六个引出线,如何连接成星形或三角形,又根据什么来确定该电动机作星形联接或三角形联接? 2. 比较采用三角形起动和星形起动时的相电压、起动电流的大小关系。 3. 总结三相异步电动机反转的方法。
体会	
注意事项	1. 本实验是强电实验,接线前、实验后都必须断开实验线路的电源,在改接线路和拆线时必须遵守"先断电,后拆线"的原则。电动机在运转时,电压和转速均很高,切勿触碰导电和转动部分,以免发生人身和设备事故。为了确保安全,学生应穿绝缘鞋进入实验室。接线或改接线路必须经指导教师检查后方可进行实验。 2. 起动电流持续时间很短,且只能在接通电源的瞬间读取电流表的最大读数,如错过这一瞬间,须将电动机停车,待停稳后,重新起动电动机读取数据。

七、知识链接

1. 三相异步电动机的电磁转矩

电磁转矩是三相异步电动机最重要的物理量,电磁转矩的存在是异步电动机工作的先决条件,分析异步电动机的机械特性离不开它.

异步电动机的电磁转矩 T 是由转子电流 I_2 与旋转磁场相互作用而产生的. 根据理论分析,电磁转矩 T 可用下式确定:

$$T = C_T \Phi I_2 \cos\varphi_2 \tag{18-1}$$

式中,C_T 为与电动机结构有关的转矩常数,Φ 为旋转磁场的每极磁通,$I_2\cos\varphi_2$ 为转子电流的有功分量.

从理论分析还知,转子电流 I_2 和 $\cos\varphi_2$ 都与转差率 s 有关,故电磁转矩 T 与 s 也有关,其关系曲线如图 18-2 所示. $T=f(s)$ 曲线通常称为异步电动机的转矩特性. 由于磁通 Φ 和转子电流 I_2 都与电源电压 U_1 成正比,所以电磁转矩 T 与 U_1^2 成正比. 电源电压的变化对电动机工作情况影响很大,电压过高或过低都会使电动机性能变差,甚至烧坏电动机.

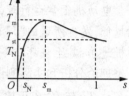

图 18-2 异步电动机的转矩特性曲线

由转矩特性可以看到,当 $s=0$ 即 $n=n_1$ 时,$T=0$,这是理想空载运行;随着 s 的增大,转速降低,转子导体切割旋转磁场加快,转子电流 I_2 增大,功率因数 $\cos\varphi_2$ 保持较大值,T 开始增大. 但到达最大值 T_m 以后,随着 s 的增大,虽然 I_2 增大,但是功率因数 $\cos\varphi_2$ 快速降低,因此 T 反而减小. 最大转矩 T_m 也称临界转矩,对应于 T_m 的 s_m 称为临界转差率.

2. 三相异步电动机的机械特性

在实际应用中,需要了解异步电动机在电源电压一定时转速 n 与电磁转矩 T 的关系. 由 $T=f(s)$ 关系曲线转换后的 $n=f(T)$ 曲线称为机械特性曲线,如图 18-3 所示. 用它来分析电动机的运行情况更为方便.

在机械特性曲线上值得注意的是两个区和三个转矩值.

以最大转矩 T_m 为界,分为两个区,上部为稳定区,下部为不稳定区. 当电动机工作在稳定区内某一点时,电磁转矩与负载转矩相平衡而保持匀速转动. 如负载转矩变化,电磁转矩将自动随之变化,从而达到新的平衡并稳定运行. 当电动机工作在不稳定区时,则电磁转矩将不能自动适应负载转矩的变化,因而不能稳定运行.

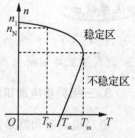

图 18-3 异步电动机的机械特性曲线

下面分析反映异步电动机机械特性的三个特殊转矩:

(1) 额定转矩 T_N

异步电动机在额定负载时轴上的输出转矩称为额定转矩. 额定负载转矩可从铭牌数据中求得,即

$$T_N = 9\,550\frac{P_N}{n_N} \qquad (18\text{-}2)$$

式中，P_N 为异步电动机的额定功率，单位为 kW；n_N 为异步电动机的额定转速，单位为 r/min；T_N 为异步电动机的额定转矩，单位为 N·m.

(2) 最大转矩 T_m

在机械特性曲线上，转矩的最大值称为最大转矩，它是稳定区与不稳定区的分界点. 为此使额定转矩 T_N 比最大转矩 T_m 低，使电动机能有短时过载运行的能力. 通常用最大转矩 T_m 与额定转矩 T_N 的比值 λ_m 来表示过载能力，即 $\lambda_m = T_m/T_N$. 一般三相异步电动机的过载能力 λ_m 在 1.8～2.2 之间.

温馨提示　　　　　　　　　　　"闷车"现象

电动机正常运行时，最大负载转矩不可超过最大转矩，否则电动机将带不动负载，转速越来越低，发生所谓的"闷车"现象，此时电动机电流会升高到电动机额定电流的 4～7 倍，使电动机过热，甚至烧坏.

理论分析和实际测试都可以证明，最大转矩 T_m 和临界转差率 s_m 具有以下特点：

a. T_m 与 U_1^2 成正比，s_m 与 U_1 无关. 电源电压的变化对电动机的工作影响很大.

b. T_m 与 f_1^2 成反比. 电动机变频时要注意对电磁转矩的影响.

c. T_m 与 R_2 无关，s_m 与 R_2 成正比. 改变转子电阻可以改变转差率和转速.

(3) 起动转矩 T_{st}

电动机在接通电源起动的最初瞬间，$n=0$，$s=1$ 时的转矩称为起动转矩，用 T_{st} 表示. T_{st} 与电源电压的平方成正比，与转子电阻 R_2 成反比. 只有 $T_{st} > T_L$，电动机才能顺利起动. 异步电动机的起动能力常用起动转矩与额定转矩的比值 $\lambda_{st} = T_{st}/T_N$ 来表示. 一般笼型异步电动机的起动能力 $\lambda_{st} = 1.3$～2.2.

温馨提示　　　　　　　　　　　"堵转"现象

当 $T_{st} < T_L$ 时，电动机无法起动，出现堵转现象，电动机的电流达到最大，造成电动机过热. 此时应立即切断电源，减轻负载或排除故障后再重新起动.

3. 三相异步电动机的起动

电动机的起动就是把电动机的定子绕组与电源接通，使电动机的转子由静止加速到以一定转速稳定运行的过程.

(1) 起动要求

① 起动电流.

异步电动机在起动的最初瞬间，其转速 $n=0$，转差率 $s=1$，在此瞬间旋转磁场对转子的相对转速最大，转子电流 I_2 最大，这时定子电流 I_1（即起动电流 I_{st}）也达到最大值，约为额定电流的 4～7 倍.

由于电动机起动电流大，对电动机本身和电网都会带来一些影响：会使电动机严重发热；在输电线路上产生过大的电压降，可能会影响同一电网中其他负载的正常工作. 例如，使其他电动机的转矩减小,转速降低,甚至造成堵转;或使日光灯熄灭等.

② 起动转矩.

由转矩 $T=C_T\Phi I_2\cos\varphi_2$ 的关系可知,尽管起动时转子电流 I_2 大,但起动时转子电路的功率因数 $\cos\varphi_2$ 很低,故起动转矩并不大,一般 $T_{st}=(1.3\sim2.2)T_N$. 电动机起动转矩小,则起动时间较长,或不能在满载情况下起动.

所以,既要限制过大的起动电流,又要有足够大的起动转矩.可以采用不同的起动方法.

(2) 起动方法

① 直接起动.

用开关将额定电压直接加到定子绕组上使电动机起动,就是直接起动,又称全压起动. 图 18-4 所示是用电源开关 QS 直接起动的电路.

直接起动的优点是设备简单,操作方便,起动时间短.

只要电网的容量允许,应尽量采用直接起动. 容量在 10kW 以下的三相异步电动机一般都采用直接起动.

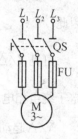

图 18-4 直接起动电路

此外也可用经验公式来确定,若满足下列公式,则电动机可以直接起动:

$$\frac{直接起动电流(A)}{额定电流(A)} \leq \frac{3}{4}+\frac{变压器总容量(kV\cdot A)}{4\times 电动机功率(kW)} \quad (18\text{-}3)$$

② 笼型异步电动机降压起动.

如果笼型异步电动机的额定功率超出了允许直接起动的范围,则应采用降压起动. 所谓降压起动,是借助起动设备将电源电压适当降低后加到定子绕组上进行起动,待电动机转速升高到接近稳定时,再使电压恢复到额定值,转入正常运行.

降压起动时,由于电压降低,电动机每极磁通量减小,故转子电动势、电流以及定子电流均减小,避免了电网电压的显著下降. 但由于电磁转矩与定子电压的平方成正比,因此降压起动时的起动转矩将大大减小,一般只能在电动机空载或轻载的情况下起动,起动完毕后再加上机械负载.

目前常用的降压起动方法有三种:

a. 定子串电阻或电抗器起动.

起动时电抗器串接于定子电路中,这样可以降低定子电压,限制起动电流. 在转速接近额定值时,将电抗器短接,此时电动机就在额定电压下开始正常运行.

定子电路串电阻起动,也属于降压起动,但由于外接的电阻上有较大的有功功率损耗,所以对中、大型异步电动机是不经济的.

b. Y/△起动.

如果电动机正常工作时其定子绕组是三角形联接的,那么起动时为了减小起动电流,可将其接成星形联接,等电动机转速上升后,再恢复三角形联接.

Y/△起动电路如图 18-5 所示,起动时先合上电源开关 QS,同时将三刀双掷开关 Q 扳到起动位置(Y),此时定子绕组接成星形,各相绕组承受的电压为额定电压的 $1/\sqrt{3}$. 待电动机转速接近稳定时,再把 Q 迅速扳到运行位置(△),使定子绕组改为三角形接法,于是每相绕组加上额定电压,电动机进入正常运行状态.

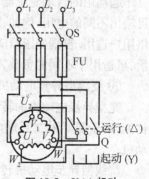

图 18-5 Y/△起动

设定子绕组每相阻抗的大小为$|Z|$,电源线电压为U_1,三角形联接时直接起动的线电流为$I_{st\triangle}$,星形联接时降压起动的线电流为I_{stY},则有

$$I_{stY}=I_{pY}=\frac{U_p}{|Z|}=\frac{U_1}{\sqrt{3}|Z|}$$

$$I_{st\triangle}=\sqrt{3}I_{p\triangle}=\sqrt{3}\frac{U_1}{|Z|}$$

因此
$$\frac{I_{stY}}{I_{st\triangle}}=\frac{1}{3} \tag{18-4}$$

可见 Y/△ 起动时的起动电流是三角形联接直接起动时起动电流的$\frac{1}{3}$。由于电磁转矩与定子绕组相电压的平方成正比,所以 Y/△ 起动时的起动转矩也减小为直接起动时的$\frac{1}{3}$。

Y/△ 起动设备简单,工作可靠,但只适用于正常工作时作三角形联接的电动机。为此,星形系列异步电动机额定功率在 4kW 及以上的均设计成三角形接法。

c. 自耦变压器降压起动。

自耦变压器降压起动的电路如图 18-6 所示。三相自耦变压器接成星形,用一个六刀双掷转换开关 Q 来控制变压器接入或脱离电路。起动时把 Q 扳在起动位置,使三相交流电源接入自耦变压器的一次侧,而电动机的定子绕组则接到自耦变压器的二次侧,这时电动机得到的电压低于电源电压,因而减小了起动电流,待电动机转速升高后,把 Q 从起动位置迅速扳到运行位置,让定子绕组直接与电源相接,而自耦变压器则与电路脱开。

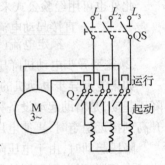

图 18-6 自耦变压器降压起动

自耦变压器降压起动时,电动机定子电压为直接起动时的$\frac{1}{k}$(k 为自耦变压器的变比),定子电流(即自耦变压器二次侧电流)也降为直接起动时的$\frac{1}{k}$,因而自耦变压器原边的电流则要降为直接起动时的$\frac{1}{k^2}$。另外,由于电磁转矩与外加电压的平方成正比,故起动转矩也降低为直接起动时的$\frac{1}{k^2}$。

起动用的自耦变压器专用设备称为起动补偿器,它通常有两至三个抽头,可输出不同的电压。例如,输出电压分别为电源电压的 80%、60% 和 40%,可供用户选用。自耦变压器降压起动的优点是起动电压可根据需要选择,使用灵活,可适用于不同的负载,但设备较笨重,成本高。

③ 绕线型异步电动机转子串电阻起动。

笼型异步电动机的转子绕组是短接的,因此无法改变其参数来改善起动性能。对于既要限制起动电流,又重载起动的场合,可采用绕线型异步电动机。

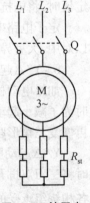

图 18-7 转子串电阻起动

绕线型异步电动机转子串电阻起动的电路如图 18-7 所示。起动时在转子电路中串入三相对称电阻,起动后,随着转速的上升,逐渐切除起动电阻,直到转子绕组短接。采用这种方法起动时,转子电路电阻增加,转子电流 I_2 减小,$\cos\varphi_2$ 提高,起动

转矩反而会增大.这是一种比较理想的起动方法,既能减小起动电流,又能增大起动转矩,因此适合于重载起动的场合,如起重机械等.其缺点是绕线型异步电动机价格昂贵,起动设备较多,起动过程电能浪费多;电阻段数较少时,起动过程转矩波动大;而电阻段数较多时,控制线路复杂,所以一般只设计为 2~4 段.

【例 18-1】 一台 Y225M-4 型三相异步电动机其额定功率为 45kW,转速为 1 480r/min,额定电压为 380V,效率为 92.3%,$\cos\varphi_N = 0.88$,$I_{st}/I_N = 7$,$T_{st}/T_N = 1.9$,$T_m/T_N = 2.2$,定子绕组是三角形联接.(1)求额定电流 I_N;(2)求额定转矩 T_N、起动转矩 T_{st}、最大转矩 T_m;(3)如果负载转矩为 274.4N·m,问在 $U = U_N$ 及 $U = 0.7U_N$ 两种情况下,电动机能否起动?(4)求采用 Y/△起动时的起动电流和起动转矩;(5)当负载转矩为额定转矩的 70% 和 50% 时,电动机能否起动?

解 (1) $I_N = \dfrac{P_N}{\sqrt{3}U_N \cdot \cos\varphi_N \cdot \eta_N} = \dfrac{45\,000}{\sqrt{3} \times 380 \times 0.923 \times 0.88}\text{A} \approx 84.18\text{A}$

(2) $T_N = 9\,550 \dfrac{P_N}{n_N} = 9\,550 \times \dfrac{45}{1\,480}\text{N}\cdot\text{m} \approx 290.37\text{N}\cdot\text{m}$

$T_{st} = 1.9 T_N = 1.9 \times 290.37\text{N}\cdot\text{m} \approx 551.70\text{N}\cdot\text{m}$

$T_m = 2.2 T_N = 2.2 \times 290.37\text{N}\cdot\text{m} \approx 638.81\text{N}\cdot\text{m}$

(3) 在 $U = U_N$ 时,$T_{st} = 551.70\text{N}\cdot\text{m}$,大于负载转矩 $T_2 = 274.4\text{N}\cdot\text{m}$,所以电动机能起动.在 $U = 0.7U_N$ 时,$T_{st} = (0.7)^2 \times 551.70\text{N}\cdot\text{m} \approx 270.33\text{N}\cdot\text{m}$,小于负载转矩 T_2,所以电动机不能起动.

(4) 起动电流 $I_{st\triangle} = 7I_N = 589.26\text{A}$

$I_{stY} = \dfrac{I_{st\triangle}}{3} = 196.42\text{A}$

起动转矩 $T_{stY} = \dfrac{T_{st\triangle}}{3} = 183.9\text{N}\cdot\text{m}$

(5) 当负载为 70% 额定转矩时,$T_{st} = 183.9\text{N}\cdot\text{m} < 0.7 \times 290.37\text{N}\cdot\text{m} \approx 203.3\text{N}\cdot\text{m}$,故电动机不能起动.

当负载为 50% 额定转矩时,$T_{st} = 183.9\text{N}\cdot\text{m} > 0.5 \times 290.37\text{N}\cdot\text{m} \approx 145.19\text{N}\cdot\text{m}$,故电动机能起动.

4. 三相异步电动机的调速

调速是指在电动机负载不变的情况下,人为地改变电动机的转速.由前面公式可得

$$n = n_1(1-s) = \dfrac{60f}{p}(1-s) \tag{18-5}$$

可见异步电动机可以通过改变磁极对数 p、电源频率 f 和转差率 s 三种方法来实现调速.

(1) **变极调速**

改变异步电动机定子绕组的接线,可以改变磁极对数,从而得到不同的转速.由于磁极对数 p 只能成倍地变化,所以这种调速方法不能实现无极调速.

图 18-8 是三相绕组中某一相绕组的示意图,每相绕组可看成是由两个线圈 U_1U_2 和 $U_1'U_2'$ 组成的.图 18-8(a)表示两个线圈顺向串联时,对应的极数 $2p=4$.若将两个线圈接成如图 18-8(b)所示,此时两个线圈反向并联,得到的极数为 $2p=2$.由此可见,改变极对数的关键

在于使每相定子绕组中一半绕组内的电流改变方向,即改变半相绕组的电流方向,可使极对数减少一半,从而使转速上升一倍,这就是变极调速的原理.

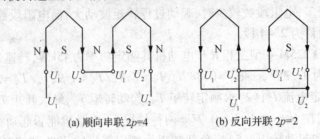

(a) 顺向串联 2p=4　　　　(b) 反向并联 2p=2

图 18-8　变极调速的原理

(2) 变频调速

由于三相异步电动机的同步转速 n_1 与电源频率 f 成正比,因此,改变三相异步电动机的电源频率,可以实现平滑的调速. 在进行变频调速时,为了保证电动机的电磁转矩不变,就要保证电动机内旋转磁场的磁通量不变. 异步电动机与变压器类似,$U_1 \approx E_1 = 4.44 f_1 N_1 \Phi$,因此在调节频率 f_1 的同时,为保持磁通 Φ 不变,必须同时改变电源电压 U_1,使比值 U_1/f_1 保持不变.

由上述可知,连续改变电源频率时,异步电动机的转速可以平滑地调节,这种调速方法可以实现异步电动机的无极调速. 由于电网的交流电频率为 50Hz,因而改变频率 f_1 需要专门的变频装置.

例如,采用图 18-9 所示的变频装置,它由整流器和逆变器组成. 整流器先将 50Hz 的交流电变换为直流电,再由逆变器变换为频率、电压可调且比值 U_1/f_1 保持不变的三相交流电,供给异步电动机,连续改变电源频率可以实现大范围的无极调速,而且电动机机械特性的硬度基本不变,这是一种比较理想的调速方法. 近年来,随着晶闸管变流技术的发展,为获得变频电源提供了新的途径,使变频调速的方法得到越来越多的应用.

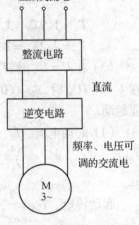

图 18-9　变频调速原理

生活索引　　变频器的应用

变频器可用于家电等产品. 用于电机控制的变频器,既可改变电压,又可改变频率. 但用于荧光灯的变频器主要用于调节电源供电的频率.

(3) 变转差率调速

变转差率调速是在不改变同步转速 n_1 的条件下进行的调速.

a. 绕线型异步电动机转子串电阻调速.

绕线型异步电动机工作时,如果在转子回路中串入电阻,改变电阻的大小,即可调速. 转子串电阻调速的机械特性如图 18-10 所示. 设负载转矩为 T_L,当转子电路的电阻为 R_a 时,电动机稳定运行在 a 点,转速为 n_a;若 T_L 不变,转子电路电阻增大为 R_b,则电动机机械特性变软,工作点由 a 点移至 b 点,于是转速降低为 n_b,转子电路串接的电阻越大,则转速越低.

转子串电阻调速的优点是设备简单,成本低;缺点是低速时机械特性软,转速不稳定,调速范围有限,电能损耗多,电动机的效率低,轻载时调速效果差. 它主要用于恒转矩负载,如起重运输设备中.

b. 降低电源电压调速.

三相异步电动机的同步转速 n_1 与电压无关,S_m 保持不变,而最大转矩与电压的平方成正比,因此,降压时机械特性如图 18-11 所示.

从机械特性曲线可以看出,负载转矩一定时,电压越低,转速也越低.所以降低电压也能调节转速.

降压调速的优点是电压调节方便,对于通风机型负载,调速范围较大.因此,目前大多数的电风扇都采用串电抗器或双向晶闸管降压调速.其缺点是对于常见的恒转矩负载,调速范围很小,实用价值不大.

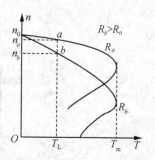

图 18-10 转子串电阻机械特性

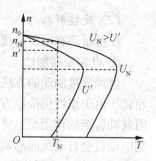

图 18-11 降低电压的机械特性

5. 三相异步电动机的制动

电动机的制动分机械制动和电气制动两种,这里只讨论电气制动.所谓电气制动,就是指使电动机产生一个与转速方向相反的电磁转矩 T_{em},起到阻碍运动的作用.

电动机的制动有两方面的意义:一是使拖动系统迅速减速停车.这时的制动是指电动机从某一转速迅速减速到零的过程,在制动过程中电动机的电磁转矩 T_{em} 起着制动的作用,从而缩短停车时间,以提高生产效率;二是限制位能性负载的下降速度.这时的制动是指电动机处于某一稳定的制动运行状态,此时电动机的电磁转矩 T_{em} 起到与负载转矩相平衡的作用.例如,起重机下放重物时,若不采取措施,由于重力作用,重物下降速度将越来越快,直到超过允许的安全下放速度.为防止这种情况发生,就可以采用电气制动的方法,使电动机的电磁转矩与重物产生的负载转矩相平衡,从而使下放速度稳定在某一安全下放速度上.

三相异步电动机的电气制动方法有:能耗制动、反接制动和回馈制动,下面分别讨论.

(1) 能耗制动

这种制动方式是在切断定子绕组三相交流电源的同时,立即接通直流电源,如图 18-12(a)所示,在定子与转子之间形成一个恒定的磁场,转子由于惯性仍按原方向转动,转子导体切割此恒定磁场,从而产生感应电动势和感应电流,根据右手定则和左手定则可以判定,这时由转子电流和恒定磁场作用所产生的电磁转矩的方向与转子旋转方向相反,为一制动转矩,如图 18-12(b)所示,转速下降,使电动机迅速停转.停转后,转子与磁场相对静止,制动转矩随之消失.

这种制动方法是把转子的动能转换为电能,消耗在转子电阻上,故称为能耗制动.其优点是制动能量消耗小,制动平稳,虽需要直流电源,但随着电子技术的迅速发展,很容易从交流电整流获得直流电.这种制动一般用于要求迅速平稳停车的场合.

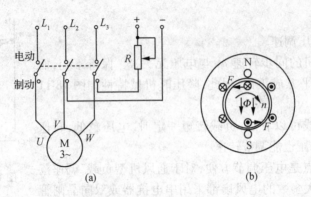

图 18-12 能耗制动原理图

(2) 反接制动

反接制动有电源反接制动和倒拉反接制动两种形式.

① 电源反接制动.

电源反接制动的方法是将接到电源的三相导线中的任意两相对调.此时旋转磁场反转,而转子由于惯性仍按原方向转动,因而产生的电磁转矩方向与电动机转动方向相反,电动机因制动转矩的作用而迅速停转,如图 18-13 所示.当转速接近于零时,需及时切断三相电源,否则电动机会自动反向起动.由于制动时旋转磁场与转子的相对转速为 (n_1+n),所以制动电流也会很大,因此定子绕组中要串入制动电阻 R,以限制制动电流.

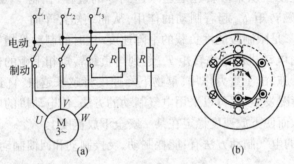

图 18-13 电源反接制动

电源反接制动的优点是制动电路比较简单,制动转矩较大,停机迅速,但制动瞬间电流较大,消耗也较大,机械冲击强烈,易损坏传动部件.

② 倒拉反接制动.

绕线形异步电动机转子电路串入大电阻后,转子电流下降,电磁转矩下降,小于所吊重物的负载转矩,转速下降到 0,但此时电磁转矩仍小于负载转矩,重物将迫使电动机转子反转,直到电磁转矩等于负载转矩,重物将以一较低转速下放.

倒拉反接制动用于绕线形异步电动机拖动具有势能的负载下放重物时,以获得稳定下放速度.

(3) 回馈制动

若三相异步电动机原工作在电动状态,由于某种原因,如当起重机下放重物时,因重力的作用,电动机的转速 n 超过旋转磁场的转速 n_1,因为 $n>n_1$,所以 $s<0$,这是回馈制动的特点.因为转差率 $s<0$,所以转子电动势 $E_2<0$,转子电流 I_2 反向,电磁转矩反向,为制动转矩.电动机将原电动机输入的机械功率转换成电功率输出回馈电网,成为一台发电机.将重物的势能

转换为电能,再回送到电网,所以称为回馈制动或发电制动.

八、优化训练

18-1 三相笼形异步电动机的降压起动有哪几种方法？请分别写出使用各种方法时,起动电流与起动转矩减少的倍数.

18-2 一台 Y280M-4 型三相异步电动机其额定功率为 90kW,转速为 1 480r/min,额定电压为 380V,效率为 93.3%,$\cos\varphi_N = 0.88$,$I_{st}/I_N = 7$,$T_{st}/T_N = 1.9$,$T_m/T_N = 2.2$,试求:(1)额定电流 I_N;(2)额定转差率 s_N;(3)额定转矩 T_N、起动转矩 T_{st}、最大转矩 T_m;(4)若电源电压降为额定电压的 80%,这台电动机的起动转矩和最大转矩.

18-3 有一台笼形异步电动机,$P_N = 20\text{kW}$,$I_{st}/I_N = 6.5$,如果变压器容量为 560kV·A,问电动机能否直接起动？

18-4 为什么三相异步电动机的起动电流大而起动转矩不大？为什么采用降压起动时只能减小起动电流而不能提高起动转矩？

18-5 一台 Y280M-4 型三相异步电动机,额定数据如题 18-2.问当负载转矩 $T_L = 225\text{N}\cdot\text{m}$ 时,电动机能否采用 Y/△降压起动？

18-6 一对极的三相笼型异步电动机,当定子频率由 40Hz 调节到 60Hz 时,其同步转速的变化范围是多少？

18-7 某多速三相异步电动机,频率为 50Hz,若极对数由 $p = 2$ 变到 $p = 4$ 时,同步转速各是多少？

第九单元　安全用电

课题十九

安 全 用 电

一、学习指南

　　安全用电包括用电时的人身安全和设备安全.

　　电气事故有其特殊的严重性.当发生人身触电时,轻则烧伤,重则死亡;当发生电气设备事故时,轻则损坏设备,重则引起火灾或爆炸.因此必须十分重视安全用电问题,防止事故的发生.

　　本课题主要介绍了触电的危害及预防触电的保护措施;介绍了安全用电的注意事项和触电急救常识.

二、学习目标

- 了解触电的危害及触电的方式.
- 掌握防止触电的保护措施.
- 了解静电防护的知识.
- 了解安全用电注意事项和触电急救知识.

三、学习重点

- 防止触电的保护措施(保护接地、保护接零、安全漏电保安器).
- 静电的防护知识.
- 安全用电注意事项和触电急救知识.

四、学习难点

- 防止触电的保护措施(保护接地、保护接零、安全漏电保安器).
- 安全用电注意事项和触电急救知识.

五、学习时数

4学时.

六、任务书

项目	触电急救基本训练	时间	2学时
工具材料	触电急救模拟人,木棒,绝缘手套,医用纱布		
操作要求	1. 就近切断电源. 2. 将触电者移至通风、安全的地方. 3. 观察触电者是否有呼吸存在. 4. 采取口对口人工呼吸或者胸外按压,帮助其恢复心跳与呼吸.	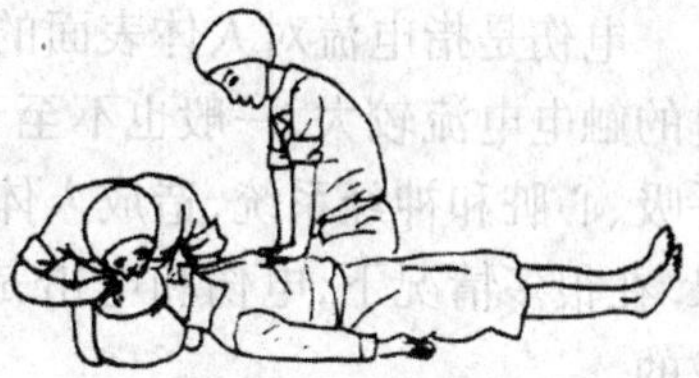 图19-1 项目19	
测量记录			
计算与思考			
体会			
注意事项	1. 首先要切断电源,判断触电者心跳或呼吸是否存在. 2. 要将触电者放置在平稳、通风的位置. 3. 口对口人工呼吸,确保准确有效,胸外按压要注意力度合适. 4. 建议2~3人一小组进行实验.		

七、知识链接

1. 触电的危害

微小的电流通过人体是没有感觉的.能引起人体感觉的最小电流称为感知电流.正常人触电后能自主摆脱的最大电流称为摆脱电流.超过摆脱电流,人体可能会受到伤害,当电流到达一定的值时,就可能致命,在短时间危及生命的最小电流称为致命电流.

表 19-1 列出了人体被伤害程度与电流大小的关系.

表 19-1　人体被伤害程度与通过电流大小的关系

名称		成年男子	成年女子
感知电流	工频	1.1mA	0.7mA
	直流	5.2mA	3.5mA
摆脱电流	工频	16mA	10.5mA
	直流	76mA	51mA
致命电流	工频	30~50mA	
	直流	1 300mA(0.3s)、500mA(3s)	

根据人体所受的伤害,触电可分为电伤与击伤两种类型.

电伤是指电流对人体表面的伤害,包括电弧烧伤、烙伤、熔化的金属渗入皮肤等,即使通过的触电电流较大,一般也不至于危及生命;电击是指电流对人体内部进行的伤害,影响人的呼吸、心脏和神经系统,造成人体内部组织的损伤,即使通过电流较小,也可能导致严重的后果.在很多情况下,电伤和电击是同时发生的,但是绝大多数触电死亡是由于其中的电击造成的.

读一读

工频是最危险的触电频率,由上表可知,如果通过人体的工频电流超过 30~50mA,就有生命危险.触电对人身的伤害程度除与电流的大小、频率以及人的年龄、性别、身体素质等因素有关外,还与通电的路径和通电时间有关.当电流通过心脏、脊椎和中枢神经等要害部位时,触电的伤害最为严重,通常认为从左手到右脚是最危险的途径,从一只手到另一只手也是很危险的.触电时间越长,电流对人体的伤害也越严重,因此一旦发生触电事故,首先要迅速切断电源,使触电者尽早脱离带电体.

通过人体电流的大小决定于触电电压和人体的电阻大小.人体电阻由皮肤电阻和人体内部电阻组成.皮肤电阻与触电时的接触面积及湿度等程度有关,一般为 10^4~$10^5\Omega$,但在电压较高时会发生击穿,皮肤击穿后电阻迅速下降,甚至接近于零,这时只有人体内部电阻,最小仅为 800~1 000Ω.可见决定触电危险性的关键因素是触电电压.而触电电压又与触电方式有关.

2. 触电方式

(1) 供电系统中性点接地的单相触电

我国三相四线制供电系统的中性点是接地的,当人体触到一相线时,电流从相线经人体,再经大地回到中性点,如图 19-2 所示,这时人体承受相电压,一般是 220V.单相触电事故比两相触电事故发生的比例更高.这种触电方式的危害性跟脚与大地的绝缘好坏有很大关系.所以在带电作业时,一般要求单手操作,另外,脚下要放绝缘垫.

(2) 供电系统中性点不接地的单相触电

如果供电系统中性点不接地,当人体接触到一根相线时,由于输电线与大地之间有电容存在,交流电可通过分布电容和绝缘电阻而形成回路,如图 19-3 所示,人体与分布电容构成星形联接三相不对称负载.线路越长,绝缘越差,人体承受的电压就越高,也越危险.

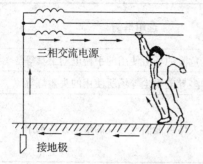
图 19-2　中性点接地的单相触电

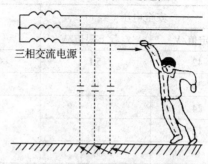
图 19-3　中性点不接地的单相触电

（3）两相触电

两相触电是指人体两处同时分别触及两相带电体而触电,如图 19-4 所示.这时加在人体上的电压是线电压,在 220V/380V 电网中是 380V.两相触电是很危险的.

图 19-4　两相触电　　　　　　　图 19-5　跨步触电

（4）跨步触电

在高压输电线断线落地时,有强大的电流流入大地,在接地点周围产生电压降,如图 19-5 所示.

当人体接近接地点时,两脚之间承受跨步电压而触电.跨步电压的大小与人和接地点距离、两脚之间的跨距、接地电流大小等因素有关.

一般在 20m 之外,跨步电压就降为零.如果误入接地点附近,应双脚并拢或单脚跳出危险区.

为什么鸟停在一根高压电线上不会触电,而人站在地上碰到 220V 的单根电线却有触电的危险?

3．防止触电的保护措施

（1）使用安全电压

我国国家标准规定的安全电压等级和选用举例如表 19-2 所示.

表内的额定电压值,是由特定电源供电的电压系列,规定空载电压上限值是考虑到某些重负载的电气设备在运行时,其额定值虽然符合规定,但空载时电压却很高.若空载时电压超

179

过了规定的上限值,仍然不能认为符合安全电压标准.

表 19-2 安全电压等级及选用举例

安全电压		选用举例
额定值/V	空载上限值/V	
42	50	在有触电危险的场所使用的手持电动工具等
36	43	在矿井中多导电粉尘等场所使用的头盔灯等
24	29	
12	15	可供某些人体可能偶然触及的带电设备选用
6	8	

(2) 绝缘保护

绝缘保护是用绝缘体把可能形成的触电回路隔开,以防止触电事故的发生,常见的有外壳绝缘、场地绝缘和用变压器隔离等方法.

① 外壳绝缘.

为防止人体触及带电体,电气设备的外壳常用绝缘材料罩起来,如各种家电及电气仪表等,也有用塑料外壳作为第二绝缘.

② 场地绝缘.

在人体站立的地方用绝缘层垫起来作为与地的隔离,常用的有绝缘毯、绝缘胶鞋.

③ 用变压器隔离.

在用电器回路与供电电网之间加一个变压器,利用原、副绕组之间的绝缘作为电的隔离,这样用电器对地就不会有电压,人体即使接触到用电器的带电部位也不会触电.

(3) 保护接地或保护接零

电气设备的外壳多数是金属的,在正常情况下并不带电,但是万一绝缘体损坏或外壳碰线,则外壳会带电,这是很危险的.为此要采用保护接地或保护接零,以有效地防止意外触电事故.

① 保护接地.

为防止因电气设备绝缘损坏,而使人身遭受触电的危险,将电气设备的金属外壳通过导体和接地极与大地可靠连接,称为保护接地.保护接地适用于三相三线制中性点不接地的供电系统中.

保护接地的作用如图 19-6 所示,当电气设备的绝缘损坏,某一相碰壳时,由于人体电阻远远大于接地装置的电阻,因此,接地电流主要通过接地电阻,而通过人体的电流极小,从而保障了人身安全.

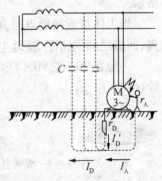

图 19-6 保护接地

② 保护接零.

为了防止因电气设备的绝缘损坏,而使人身遭受触电的危险,将电气设备的外壳与中性点引出的零线连接,称为保护接零.保护接零适用于三相四线制中性点接地的供电系统中.

保护接零的作用如图 19-7 所示,一旦电动机某一相绕组绝缘损坏而与外壳触碰时,就形成单相短路,其电流很大,迅速将这一相的保险丝烧断或使线路中的自动开关断开,因而使外壳不再带电.

为了确保安全,保护接零必须十分可靠,严禁在保护接零的零线上装设保险丝和开关.除了在电源中性点进行工作接地外,还要在零线的一定间隔距离及终端进行多次接地,称为重复接地.

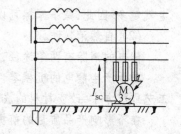

图 19-7 保护接零

保护接零方法简单,具有一定的安全性和可靠性,但三相四线制供电系统中的零线是单相负载的工作线路,因而在正常运行中零线上各点的电位并不相等,且距离电源端越远,对地电位差越高,甚至高达几十伏.一旦零线断线,不仅电气设备不能正常工作,而且设备的金属外壳上还将带上危险电压.为此,要推广三相五线制供电.

三相五线制供电系统是将原有三相四线制的零线分为两根敷设,其中一根为工作零线,另一根为保护零线.在三相五线制供电系统中,工作零线用 N 表示,保护零线用 PE 表示,并用浅蓝色的黄绿双色加以区分.

(4) 不允许两种保护方式混用

在同一低压供电系统中,不允许一部分电气设备采用保护接地,而另一部分电气设备采用保护接零.如图 19-8 所示,当采用保护接地的某一电气设备发生漏电,而熔断器又未熔断,接地短路电路将通过大地流向变压器工作接地点,会使零线上出现对地电压 U,致使所有采用保护接零的设备外壳都带有危险电压,其后果是很严重的.

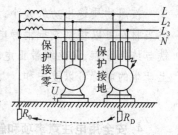

图 19-8 两种保护方式混用

静电的危害和防护

相对静止的电荷称为静电,它是由物质间的相互磨擦或感应而产生的.生产生活中,常常有静电产生,如夜晚脱毛衣时都能听到放电声和看到火星,冬天穿羽绒服时,特别容易产生静电,去摸门的金属把手时,经常被静电击到.静电有利有弊.对于静电的产生所带来的某些危害,必须加以防护,否则会带来灾难.

1. 静电的危害

① 静电在高压下放电会产生火花,如果周围存在易燃易爆物质,就有可能引起爆炸和火灾,如矿井下的静电能引起瓦斯爆炸.

② 静电电击不是由于人体直接接触电气设备的带电部分而引起的,而是由于发生静电放电而引起的.静电电压虽然很高,有时可达几万伏,但是能量并不大,因此,这种电击不会引起致命的可能,但是由于它引起的二次事故,如突然跌倒在危险场所或从高处坠落等,也会造成重大的人身伤亡.

③ 静电还会干扰正常的生产和影响产品质量.例如,印刷机上纸张因静电吸附在滚筒上,影响连续印刷;静电还会使电子计算机及其他电子设备受到干扰而失灵;甚至引起铁路和民航等系统失误,造成事故.

2. 静电的防护措施

静电防护一方面是减小静电的产生和积累,另一方面是将产生的静电尽快地释放掉.

(1) 减小摩擦法

静电主要是由不同物质相互摩擦产生的,摩擦速度越高,距离越长,压力越大,产生的静电就越多.因此,减小摩擦可以减小静电的产生.

(2) 自然消散法

静电的消除有两条途径,一是通过导线向大地泄漏,二是与空气中的电子或离子中和.

易于产生静电的机械零件应尽可能采用导电材料做成,必须使用橡胶、塑料时,可在加工工艺或配方中,改变材料的成份,从而制成可以导电的材料.

在不影响产品质量的前提下,可以适当提高空气的湿度,促进静电的中和.

(3) 导体接地法

接地是消除静电的重要措施,能使产生的静电荷迅速导入大地,它简单易行,十分有效.

(4) 静电中和法

静电中和法是用静电消除器产生相反极性的电荷去中和物体上所带的静电.常见的静电消除器有感应式、高压式、放射性式及离子流式等.

(5) 静电序列法

按照物质逸出功的大小,不同物质相互摩擦时的带电极性可排列成一些静电序列.选择适当材料可以控制或抵消静电的产生.例如,玻璃与丝绸摩擦,玻璃带正电,丝绸带负电;而钢铁与丝绸摩擦,则丝绸带正电,钢铁带负电.如果丝绸先后通过玻璃和钢铁的导丝器,则丝绸上产生的电荷可以被中和.

4. 安全用电注意事项和触电急救常识

(1) 安全用电注意事项

① 严格用电规章制度.安全用电,节约用电,自觉遵守供电部门制定的有关安全用电规定,做到安全、经济、不出事故.

② 正确安装用电设备.闸刀开关必须垂直安装,静插座在上方,以免闸刀落下引起意外事故.电源线应接在上桩头,以保证断开闸刀后刀片上和熔丝不带电,避免调换熔丝时触电.电灯开关应接在火线上,以保证断开后灯头上不带电.

③ 用电设备在工作中不要超过额定值.

④ 禁止私拉电网,禁止用"一线一地"接照明灯.

⑤ 屋内配线,禁止使用裸导线或绝缘破损、老化的导线,对绝缘破损部分,要及时用绝缘胶皮缠好.发生电气故障和漏电引起火灾事故时,要立即拉断电源开关.在未切断电源以前,不要用水或酸、碱泡沫灭火器灭火.

⑥ 电线断线落地时,不要靠近,对于 6～10kV 的高压线路,应离落地点 20m 远.更不能用手去捡电线,应派人看守,并赶快找电工停电修理.

⑦ 建立定期安全检查制度.重点检查电气设备的绝缘和外壳接零或接地情况是否良好,还要注意有无裸露带电部分,各种临时用电线及移动电气用具的插头、插座是否完好.对那些不合格的电气设备要及时调换,以保证正常安全工作.

(2) 触电急救常识

触电的现场急救是挽救触电者生命的关键步骤.

① 发现有人触电,应尽快使触电者脱离电源.首先是就近断开电源,如果附近没有电源开关,也可以用绝缘工具拨开或切断电线.在脱离电源前,营救人员不可用手直接接触触电者,以免发生新的触电事故.

② 如果触电者伤害不严重,神志还清醒,但心慌、四肢麻木、全身无力,并很快恢复知觉,应让其躺下安全休息 1~2 小时,注意观察,防止意外.

③ 如果触电者伤害较严重,无知觉、无呼吸甚至无心跳,应立即送医院,同时进行人工呼吸,不要耽误时间,不要间断,也不要轻易放弃.

八、优化训练

19-1 一些金属外壳的家电(如电冰箱、洗衣机等)使用三眼插头和插座,而一些非金属外壳的电器(电视机、收音机)却只使用两眼插头和插座,为什么?

19-2 什么是三相五线制供电系统?它有什么优点?

19-3 静电有何危害?

19-4 试从安全用电角度分析图 19-9(a)、(b)两种电灯与开关的接法中哪一种比较合理?

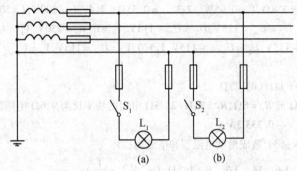

图 19-9 题 19-4 图

19-5 试说明保护接地与保护接零的原理与区别.

参考答案

课题一

1-1 略　1-2 有载工作状态、开路工作状态(空载)和短路工作状态　1-3 $0.25A,250mA,2.5\times10^5\mu A$

1-4 略　1-5 增强、减弱　1-6 40W 灯泡中的灯丝电阻较大，100W 灯泡中的灯丝较粗　1-7 略

1-8 (a) $10V$；(b) $-20V$；(c) $0V$；(d) $20V$

1-9 O 点为参考点时：$V_A=110V,V_B=110V,V_C=220V,V_O=0V$

　　A 点为参考点时：$V_A=0V,V_B=0V,V_C=110V,V_O=-110V$

1-10 (a) $5W$(接受功率)；(b) $-20W$(发出功率)；(c) $10W$(接受功率)；(d) $-10W$(发出功率)

1-11 (3) $(-560-540+600+320+180)W=0W$　1-12 $900kW\cdot h$　1-13 $600V,180W$　1-14 $6.25W$

1-15 $484\Omega,3227\Omega$，不能

课题二

2-1 略　2-2 $E=2V,R=3.8\Omega,P=0.95W$　2-3 $r=0.55\Omega$　2-4 $U=200V,I=50A$

2-5 (1) $U=U_{ac}=230V,U_1=U_{ab}=115V,U_2=U_{bc}=115V,V_c=0,V_a=230V,V_b=U_{bc}=115$；(2) $U=U_{ca}=-230V,U_1=U_{ba}=-115V,U_2=U_{cb}=-115V,V_b=0,V_a=U_{ab}=115V,V_c=U_{cb}=-115V$

课题三

3-1 (a) 4Ω；(b) 2Ω；(c) 1Ω；(d) 28Ω

3-2 (1) $R_1=3\Omega,R_2=6\Omega$ 或 $R_1=6\Omega,R_2=3\Omega$；(2) 3Ω 电阻的功率比为 9，6Ω 电阻的功率比为 2.5

3-3 (1) $2A$；(2) 8Ω；(3) $-0.3333A$

3-4 (1) $176V$；(2) $173V$；(3) 造成滑动电阻器和电流表损坏

3-5 (a) 10Ω；(b) 36Ω　3-6 略　3-7 $R=1.5\Omega,I=2A,I_5=\frac{1}{3}A$

3-8 (1) $I_1=0.1A,I_2=0.05A,I_3=0.025A$；(2) $U_{10}=5V,U_{20}=2.5V,U_{30}=1.25V$

3-9 $I=100mA$　3-10 $R_1=19.8k\Omega,R_2=80k\Omega,R_3=400k\Omega$　3-11 $I_1=1.2A$

课题四

4-1 $I_3=0.32\mu A,I_4=9.68\mu A,I_6=9.7\mu A$　4-2 $I_2=10mA,I_6=-8mA,I_3=18mA$　4-3 略　4-4 略

4-5 $81V$　4-6 $R_1=12\Omega,P=304W$　4-7 $I_1=0.2A,I_2=0.2A,I_3=-0.4A$

4-8 $I_1=0.3A,I_2=0.7A,0W,-2W$　4-9 R_1 支路电流为 $-0.4A,R_3$ 支路电流为 $-2.6A$，略

4-10 $7A$ 电流源发出的功率为 $70W,5A$ 电流源的功率为 $0W$　4-11 $3A,8V$

4-12 $I_1=-1A,I_2=-5A,I_3=6A,I_4=8A$　4-13 $-1.5A,-9V$　4-14 $20V$　4-15 $12A$

4-16 (a) $8V,7.33\Omega$；(b) $10V,3\Omega$　4-17 $0.5mA$

4-18 (a) $-6V,3\Omega$；(b) $15V,10\Omega$；(c) $66V,6\Omega$；(d) $10V,\frac{10}{3}\Omega$；图略

4-19 (1) $U_{ab}=-17V$；(2) 19Ω；(3) $I_{ab}=-\frac{17}{19}A$；(4) 19Ω　4-20 $R_L=1.5\Omega,I_L=3A,P_m=27W$

课题五

5-1 电容量较小的电容上电压高；电容量较大的电容上电荷量大.

5-2 不对. 因为电容量的大小只与电容极板面积 S、电介质的介电常数 ε 与极板间的距离 d 有关，而与电容带电多少无关，与带不带电无关.

5-3 $C;2U$.　5-4 (1) 电容量增大；(2) 电容量增大；(3) 电容量增大.　5-5 $3.75C$

5-6 (1) $66.37pF$；(2) 1.98　5-7 变亮，变暗，逐渐减小，逐渐变大，$0,E$　5-8 $600\mu C$

5-9 $50\mu C,100\mu C$　5-10 $10MF$　5-11 $531pF,2389.5pF$　5-12 $1mm$

5-13 当 t 在 $0 \sim 2s$ 和 $4 \sim 6s$ 时,$i = 0.2$A；当 t 在 $2 \sim 4s$ 和 $6 \sim 8s$ 时,$i = -0.2$A

5-14 $i = 5A(t = 0 \sim 1\mu s)$；$i = 0A(t = 1 \sim 3\mu s)$；$i = -5A(t = 3 \sim 5\mu s)$；$i = 0A(t = 5 \sim 7\mu s)$；$i = 5A(t = 7 \sim 8\mu s)$

5-15 当 $t = 17$ms 时,$U = 9.6$V,$P = 192$mW,$W = 1.153$mJ；当 $t = 40$ms 时,$U = 16$V,$P = 0$mW,$W = 3.2$mJ

课题六

6-1 略.   6-2 (1) $U_L = 15e^{-10^4 t}$V,波形图略；(2) $U_S = 15$V

6-3 (1) 当 $0 < t < 2s$ 时,$U = 0.15$V,$P = 0.225t$W,$W_m = \frac{1}{2}Li^2 = 0.1125t^2$J

(2) 当 $2s < t < 4s$ 时,$i = 3A$,$U = 0$,$P = 0$,$W_m = 0.45$J

(3) 当 $4s < t < 6s$ 时,$i = -1.5t + 3A$,$U = L\frac{di}{dt} = -0.15$V,$P = (0.225t - 1.35)$W,

$W_m = (0.1125t^2 - 1.35t + 4.05)$J

(4) 当 $t > 6s$ 时,$i = 0$,$U = 0$,$P = 0$,$W_m = 0$

6-4 $i = (1-t)e^{-t}$A,$U_L = (t-2)e^{-t}$V.方法略

6-5 (1) 当 -5ms $< t < 5$ms 时,$i_L = (5t^2 - 125)$mA；当 5ms $< t < 10$ms 时,$i_L = (5t - 250)$mA；当 10ms $< t < 15$ms 时,$i_L = 250$mA；当 15ms $< t < 16$ms 时,$i_L = [250(16-t)]$mA.i_L 波形图略.

(2) 在 $10 \sim 15$ms 期间电感电流最大,则电感储能也最大,

$w_L = \frac{1}{2}Li^2 = \left(\frac{1}{2} \times 2 \times 10^{-3} \times 250^2 \times 10^{-6}\right)$J $= 62.5 \mu$J

(3) 略

课题七

7-1 略   7-2 $e = E_m \sin\frac{2\pi}{T}t$ 7-3 $u = 310\sin\left(100\pi t + \frac{\pi}{4}\right)$

课题八

8-1 略   8-2 $u = 439\sqrt{2}\sin(314t - 29.9°)$V   8-3 略

8-4 (1) $\varphi = 0°$；(2) $\varphi = 180°$；(3) $\varphi = 90°$；(4) 36A

课题九

9-1 $i = 10\sqrt{2}\sin(\omega t + 30°)$A,$P = 1000$W   9-2 $X_L = 80\Omega$,$i_L = 2.75\sqrt{2}\sin(314t - 30°)$A,$Q = 605$var

9-3 $X_C = 100\Omega$,$u_C = 220\sqrt{2}\sin\omega t$V,$Q = 848$var

课题十

10-1 $R = 10\Omega$,$L = 62.4$mH   10-2 $I = 0.267$A,$U_1 = 125$V,$U_2 = 139$V,$\cos\varphi = 0.73$

10-3 略   10-4 $f_0 = 2.82$kHz,$Z_0 = 500\Omega$,$I_0 = 0.2$A

10-5 各电表的读数依次为 $I_1 = 7.07$A,$I_2 = 5$A,$U = 100$V,$R = 10\Omega$,$L = 31.8$mH,$C = 159.2\mu$F

10-6 (1) $R = 225\Omega$,$r = 37.5\Omega$,$L = 1.54$H；(2) $P = 42$W,$\cos\varphi = 0.48$；(3) $c = 3.3\mu$F；(4) 略

课题十一

11-1 略   11-2 $\sqrt{3}$,$30°$ 11-3 $380\angle 150°$,$220\angle 120°$,$220\angle 240°$ 11-4 (1) 错；(2) 对；(3) 对；(4) 错

11-5 相电压 $\dot{U}_U = 220\angle 0°$ V,$\dot{U}_V = 220\angle 120°$ V,$\dot{U}_W = 220\angle -120°$ V；相电流 $\dot{I}_{uI} = 22\angle -53°$ A,$\dot{I}_{vI}$

$= 22\angle 67°$ A,$\dot{I}_{wI} = \dot{I}_{wp} = 22\angle -173°$ A；电压和电流的相量图略.

11-6 (1) $\dot{I}_u = 44\angle 0°$ A,$\dot{I}_v = 22\angle 120°$ A,$\dot{I}_w = 11\angle -120°$ A,$\dot{I}_N = (27.5 + j9.5)$A.

课题十二

12-1 略   12-2 17.32A,17.32A,17.32A；10A,10A,17.32A

12-3 (1) $\dot{I}_{uv} = 76\angle -53.1°$ A,$\dot{I}_{vw} = 26.95\angle -165°$ A,$\dot{I}_{wu} = 19\angle 30°$ A

(2) $\dot{U}_{uv} = 380\angle 0°$ V,$\dot{U}_{vw} = 380\angle -120°$ V,$\dot{U}_{wu} = 380\angle 120°$ V

185

(3) $P = 24.591 \text{kW}$

12-4 $\dfrac{U_1}{|Z|}, \dfrac{U_1}{\sqrt{3}|Z|}, \sqrt{3}; \dfrac{\sqrt{3}U_1}{|Z|}, \dfrac{U_1}{\sqrt{3}|Z|}, 3; \dfrac{3U^2}{|Z|\cos\varphi}, \dfrac{U^2}{|Z|\cos\varphi}, 3$

12-5 (1) 15A;(2) 15A;(3) 7.5A **12-6** 2 850W

课题十三

13-1 略 **13-2** D **13-3** 没有,理由略 **13-4** 磁感应强度的大小并不由 $F、I、L$ 三者来决定.

13-5 18.75T **13-6** $\dfrac{I_2 - I_3}{2\pi r}$ **13-7** 略

课题十四

14-1 D **14-2** 顺时针方向,铜环向右运动 **14-3** BC **14-4** 350V,0.35A **14-5** 7.5A/cm

14-6 $P_{Fe} = 246.61\text{W}, P_{Cu} = 3.39\text{W}, I = 1.84\text{A}$ **14-7** 略

课题十五

15-1 略 **15-2** 略 **15-3** 略 **15-4** 略 **15-5** (1) 135 匝;(2) 0.45A,2.78A **15-6** 19W,108W,0.33A

15-7 (1) 220 匝,88 匝;(2)5A,10A **15-8** 120 匝

课题十六

16-1 略 **16-2** 略 **16-3** 5 760V,70A

课题十七

17-1 略 **17-2** 略 **17-3** 略 **17-4** 4 极,0.24 **17-5** 三角形,星形 **17-6** 不能.理由略

17-7 0.04,4.76kW,0.77 **17-8** 略

课题十八

18-1 略

18-2 (1) 166.55A;(2) 0.013;(3) 580.74N·m,1 103.4N·m,1 277.6N·m;(4) 706.18N·m,817.67N·m

18-3 能 **18-4** 略 **18-5** 能 **18-6** 2 400～3 600Hz **18-7** 1 500r/min,750r/min

课题十九

19-1 电冰箱、洗衣机等电压较高(220V),采用三眼插座,是为了保障人身的安全,它们的外壳都是接地的.而电视机,收音机电压较低,且是经过变压器供电,危险较小,故只需二眼的插座.

19-2 三相五线制是将原有的三相四线制(A 相、B 相、C 相三相火线和零线 N 相)中的零线分为两根敷设,其中一根为工作零线,另一根为保护零线,这样可以保证保护零线上的电位为零,进行保护接零更为安全.

19-3 略 **19-4** (a)的接法要比(b)的接法安全,因为开关要接在火线上 **19-5** 略

参 考 文 献

[1] 陆国和.电路与电工技术(第2版).北京:高等教育出版社,2006.
[2] 赵承获.电工技术(第2版).北京:高等教育出版社,2006.
[3] 罗挺前.电工与电子技术(第2版).北京:高等教育出版社,2006.
[4] 戴裕崴.电工与电子技术基础(第2版).大连:大连理工大学出版社,2008.
[5] 秦曾煌.电工学(第5版).北京:高等教育出版社,2002.
[6] 白乃平.电工基础(第2版).西安:西安电子科技大学出版社,2001.
[7] 曾令琴.电工电子技术(第1版).北京:人民邮电出版社,2004.
[8] 章振周.电工基础(第1版).北京:机械工业出版社,2008.